科学のとびら58

生き物たちの化学戦略

生物活性物質の探索と利用

長澤寛道 著

東京化学同人

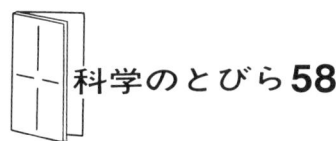

まえがき

生き物たちはこの地球上で生き延びていくために、長い年月をかけた進化の過程でさまざまな戦略を発達させてきた。多くの昆虫は幼虫から成虫になる段階で、体のかたちや生活様式を大きく変化させる。このことを変態というが、これは外敵から身を守り、子孫を残すための究極の戦略といえる。植物において、花は種子をつくるための仕掛けであり、美しい花びらや匂いが虫たちをよび寄せて、受粉させるという戦略をあみだした。このように生き物たちは環境に適応して生きていく術をさまざまなかたちで身につけている。そして、驚くべきことに、このような戦略は化学物質によって制御されていることがわかっている。そのなかでも、さまざまな生命現象をあやつる特に微量で特有の作用を示す有機化合物のことを「生物活性物質」とよんでいる。つまり、生き物たちは生きるための戦略の道具として、さまざまな生物活性物質を利用している。まさに、この世界は『生き物たちの化学戦略』で満ちあふれている。

本書では、十六の興味ある話題にしぼって、どのようなしくみによって化学戦略がなされているか、生物活性物質の探索においてどのように困難を乗り越え、新しい発見がなされたか、そしていかに私たちが農業や医療などの分野で利用してきたか、などについてまとめた。ここでとりあげた化合物のなかには、日本人研究者によって発見されたものが数多く含まれており、研究の舞台裏でくり広げられたドラマの一端についてもできるだけ臨場感をもってふれるようにした。

本書には、さまざまな化合物の名前と構造式が登場するが、なじみのない方や難しいと感じる方もおられるかもしれない。そのような場合、ひとつの記号と思って読み飛ばしていただき、むしろ、それぞれの化合物についての物語として楽しんでいただければ幸いである。

目次

序章　化学戦略へのいざない

生き物たちの化学戦略について具体的にお話をするまえに、予備知識として、いくつかの基本的な事項について簡単に説明しておこう。

生き物たちの化学戦略

生命現象は、生き物の体内に含まれる有機化合物によって巧みに調節されている。これらのうち微量で特有の作用を示すものがあり、成長、生殖、恒常性維持などのさまざまな生命活動を営むうえで重要な役割を果たしている。一方、これらの有機化合物が他の生物に何らかの影響をおよぼす場合もあり、一個体内だけではなく、それをとりまく生き物との関係も化学物質によって保たれている。それは、共生や生存競争などのかたちとなって現れる。以上のように、生き物は長い進化の過程で生き延びるために、さまざまな有機化合物を利用するという「戦略」をとってきた（図1）。このことを、本書を通じて『生き物たちの化学戦略』とよぶことにする。

図１　生き物たちの化学戦略　昆虫などにおける脱皮・変態も微量で特有の作用を示す有機化合物によって調節されている

生物活性物質とは

このような化学戦略に用いられる有機化合物のことを「生物活性物質」という。生物活性とは、ある生物によってつくられた化合物がその生物自身、あるいは他の生物に何らかの生理的な影響を及ぼすことをいう。生物活性物質は、一般にごく微量で特有の作用を示す。

自然界には、生物によってつくりだされる多様な有機化合物が無数に存在する。しかし、そのなかで生物活性物質とよべるものは、ほんのわずかにすぎない。生物活性物質は内因性物質と外因性物質に分けられる（図2）。「内因性物質」は生きるために必須のものであり、生物が自らつくりだす化合物である。ホルモン、フェロモン、サイトカイン、増殖因子などがある。「外因性物質」は多くの場合、つくりだす生物にとっての役割は不明であるが、他の生物に何らかの作用をもたらす化合物である。ビタミン、二次代謝産物、薬理活性物質（抗生物質など）、生物毒などがある。以下、これらの生物活性物質のうち、本書で頻繁に登場するものについて、簡単に説明しよう。

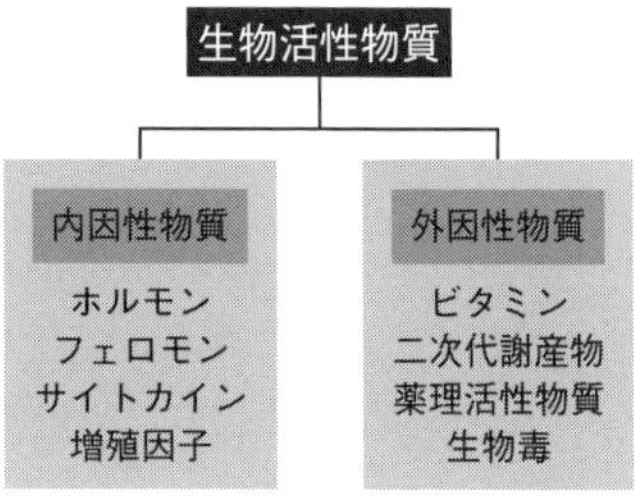

図2　生物活性物質の分類

ホルモン、フェロモンとは

多細胞生物では、個体内の細胞どうしでさまざまな情報交換（コミュニケーション）がおこなわれており、体全体の調和が保たれている。この情報交換の担い手となるのが「ホルモン」という化学物質である。ホルモン研究の歴史は古く、すでに十九世紀半ばにはその存在が実験的に確認されている。ホルモンという言葉は、英国のW・ベイリスとE・H・スターリングによって提唱された。彼らは十二指腸から分泌され、膵臓に作用して膵液の分泌を促すセクレチンという物質を発見し、一九〇五年に、このような物質群に「刺激する」という意味をもつギリシャ語にちなんで「ホルモン（hormone）」と名づけた。それ以来、この言葉は広く用いられ、脊椎動物、無脊椎動物を問わず、さまざまなホルモンの存在が明らかにされてきた。

当初、ホルモンは「生体内の特定の内分泌器官でつくられ、血液を介して標的器官に到達し、そこで特有の作用を発揮する物質（内分泌、エンドクリン）」と定義された。しかし、その後、血液を介さずに近傍の細胞に作用する場合（傍分泌、パラクリン）やホルモンをつくる細胞自身にはたらく

（自己分泌、オートクリン）場合もあることがわかり、ホルモンという言葉はより広い意味をもつようになった（図3）。

植物のホルモンは当初、動物のホルモンとは違い、生産される場所と作用する場所があまり明確でないことから、ホルモンとは性格の異なるものと考えられた。しかし、これらの物質も微量で作用することから、いまでは動物のホルモンと同様に扱われている。

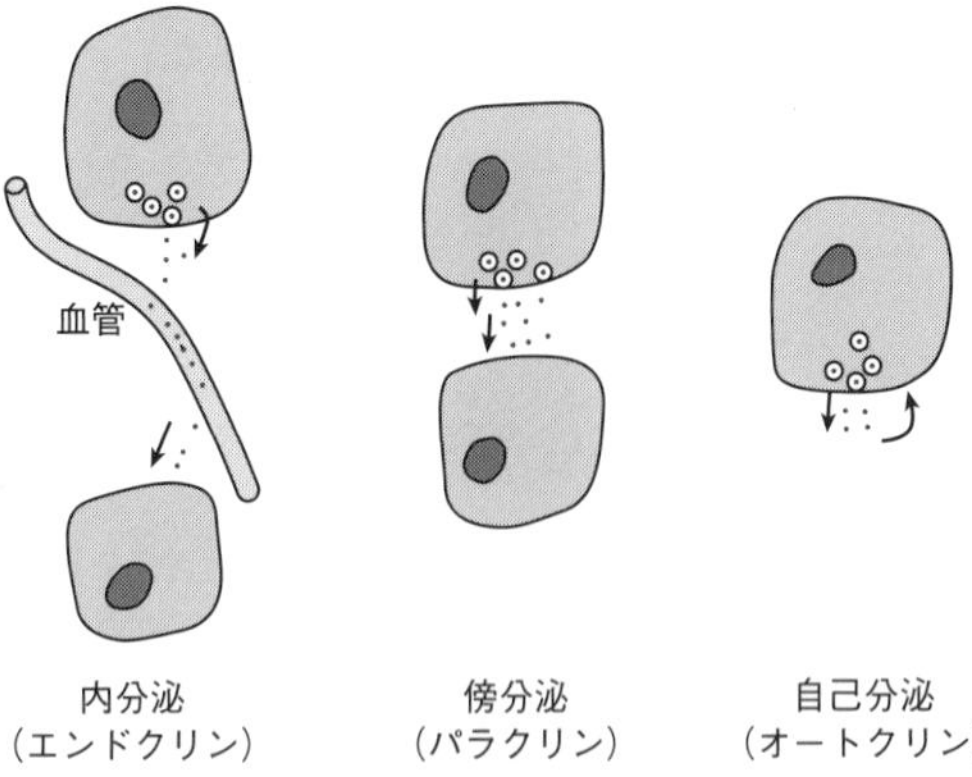

図3　ホルモンの作用のしくみ

昆虫におけるメスとオスの出会いは、フェロモンという化学物質を介しておこなわれる。「フェロモン（pheromone）」という言葉は、一九五九年、この物質を研究していたドイツのP・カールソンらによって提唱された。ギリシャ語で「運ぶ」と「刺激する」を意味する言葉を合わせてつくったものであり、「同種の他の個体に対して何らかの影響をあたえる物質」と定義された。メスから放出され同種のオスを誘引する物質は性フェロモンとよばれる。図4はカイコのメスが腹部末端のフェロモン腺から性フェロモンを分泌する、いわゆるコーリング行動を示している。現在では、昆虫だけでなく、他の動物や植物、微生物にまで

図4　カイコのコーリング　メスは腹部末端から性フェロモンを揮散させる．松本正吾氏提供

対象が広げられ、性フェロモン以外に、いくつかの異なる役割をもつものが発見されている。

二次代謝産物、ビタミン、薬理活性物質とは

生命活動にとって必須であり、生物に共通して大量に存在する化合物を「一次代謝産物」といい、核酸、アミノ酸、糖類、脂質などがある。一方、一次代謝産物から派生し、多くの場合、生産する生物にとっての役割が不明なものを「二次代謝産物」という。

「ビタミン」は、生命を意味するvitaと最初に発見されたビタミンB_1がアミン（amine）という化合物の性質をもっていたことに由来する。ビタミンは正常な代謝機能の維持に必須なもので、微量で作用する有機化合物であり、ヒト自身では合成できないため食事などによって摂取する必要がある。その後、さまざまなビタミンがつぎつぎと発見されたが、これらは必ずしもアミンではなかった。結果的

には、アミンという化合物の性質とビタミン全般の作用とは関係のないことになるが、その名前だけはひき継がれていった。

ヒトに対して薬や毒となる有機化合物を「薬理活性物質」という。植物、動物、微生物とその起源はさまざまであるが、なぜ、そのような化合物がつくられるのか、よくわかっていない場合が多い。しかし、毒はエサを採る補助手段として、あるいは逆に自分が食べられないための手段として機能しているものもある。植物由来の生薬や微生物由来の抗生物質をはじめとするさまざまな薬用成分は、ヒトの健康維持、病気の治癒に大きな役割を果たしてきた。

生物活性物質の化学構造

これらの生物活性物質は化学構造にもとづくと、低分子有機化合物とペプチド・タンパク質に分けられる。ほとんどの低分子有機化合物は分子量が千以下で、その多くは脂溶性である。ペプチド・タンパク質はアミノ酸を基本単位として、これが鎖状につながった分子で、ほとんどが水溶性である。分子量がおよそ一万以下の小さなものをペプチド、一万以上の大きなものをタンパク質とよぶ。

低分子有機化合物は、炭素原子を骨格としている。炭素原子は基本的に四本の等価な結合の手をもっている。これらの手は、平面上にあるのでなく、炭素を中心にして正四面体の頂点の方向に伸びている。したがって、有機化合物は三次元的な立体構造をもつことになる。立体構造を平面上に表すために、四本の結合の手のうち二本でつくる平面に対して他の結合の手が平面の上方にくる場合は実線の楔で、下方にくる場合は破線の楔で表すことにする（図5）。また、炭素−炭素結合や炭素−水

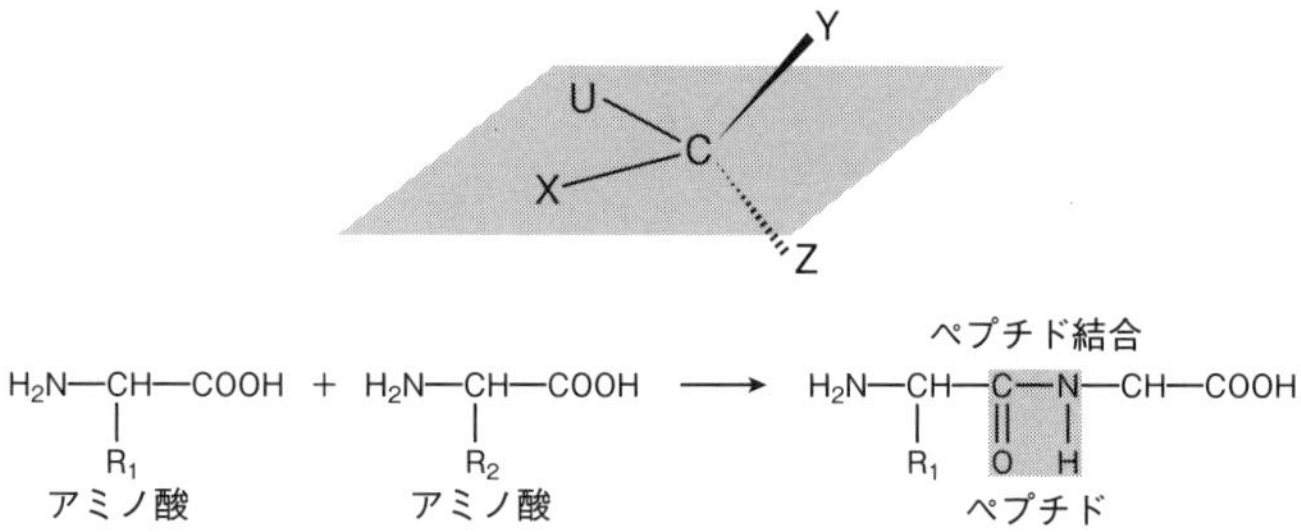

図5　有機化合物の立体表記法（上）およびペプチド結合（下）　上図：一つの炭素原子のまわりの四つの置換基のうち，UとXは炭素（C）と同一平面上にあるが，Yは平面の上方に，Zは平面の下方に結合が伸びている．下図：アミノ酸どうしの反応によりペプチド結合が形成される

素結合はC（炭素）やH（水素）を省略して、線（棒）だけで表すことがある。

ペプチドおよびタンパク質は二十種類のアミノ酸を基本単位としている。アミノ酸はアミノ基（$-NH_2$）とカルボキシ基（$-COOH$）をもっており、あるアミノ酸のカルボキシ基と隣のアミノ酸のアミノ基から水がとれて結合する。このような結合をペプチド結合（アミド結合）といい、ペプチド結合を含む化合物を「ペプチド」という（図5）。この過程をくり返すことで、ペプチドは鎖状に伸長することができる。一般には、アミノ酸が二個から数十個つながったものをペプチドとよんでいる。「タンパク質」はペプチド鎖がさらに伸長したものであり、このポリペプチド鎖が折りたたまれることで特有の立体構造を形成する。ペプチドやタンパク質では結合しているアミノ酸の順序と種類（配列という）によってそれぞれ特有の性質をもち、タンパク質ではその立体構造が機能発現の鍵となる。アミノ酸は表1のように略記され、本書ではこれらの配列をペプチドの場合は三文

表1　アミノ酸の省略表記法

アミノ酸	三文字表記	一文字表記	アミノ酸	三文字表記	一文字表記
アスパラギン	Asn	N	チロシン	Tyr	Y
アスパラギン酸	Asp	D	トリプトファン	Trp	W
アラニン	Ala	A	トレオニン	Thr	T
アルギニン	Arg	R	バリン	Val	V
イソロイシン	Ile	I	ヒスチジン	His	H
グリシン	Gly	G	フェニルアラニン	Phe	F
グルタミン	Gln	Q	プロリン	Pro	P
グルタミン酸	Glu	E	メチオニン	Met	M
システイン	Cys	C	リシン	Lys	K
セリン	Ser	S	ロイシン	Leu	L

字表記で、タンパク質の場合は一文字表記で表した。

生物検定

生物活性を示す物質を天然の材料からとりだすには、その生物活性を確認する方法が必要不可欠となる。そのためには、実際に生物個体あるいはその一部を用いて、活性を検定する方法を構築しなければならない。これから登場する生物活性物質はそれぞれに固有の活性をもつので、個々に応じて工夫された生物検定法が用いられている。生物検定では一般に、以下のような性質をもつことが望ましいとされる。

一．操作が簡便であること
二．再現性があること
三．特異性が高いこと
四．微量で検定できること
五．定量性があること

第1章　ジベレリン発見物語

植物にも動物のホルモンによく似たはたらきをもつ物質が、数は少ないがいくつか見つかっている。そのなかで、植物の成長にかかわるホルモンは、百年以上もまえのことではあるが、イネの病気をきっかけとして、その正体が明らかとなる過程で発見された。この植物ホルモンの発見、化学構造やその作用の解明などには、多くの日本人研究者がかかわり、他国の研究者たちとしのぎを削った。

イネの病気がきっかけ

イネの病気のひとつに馬鹿苗病がある。この病気にかかると、イネの苗は背丈がひょろひょろと伸びて最後には枯れてしまう（図1・1）。ひょろ長い苗は倒れやすく、使いものにならないので、「馬鹿苗」という名がついたと思

図1・1　イネ馬鹿苗病　「奇蹟の植物ホルモン」，協和発酵工業株式会社編より許可を得て転載

われる。二十世紀半ばまで、馬鹿苗病は多くの田んぼでみられた。特に当時日本領であった台湾では、その被害は甚大であった。一八九八年、西ヶ原（現在の東京都北区）の農林省農事試験場で調査がおこなわれ、病気になった苗にいつもカビがついていたことから、このカビが原因として疑われた。カビを純粋に分離して健全なイネの苗に接種すると、確かに馬鹿苗病になるので、原因がカビであると判明した。その後、このカビは *Gibberella fujikuroi*（Sawada）Wr. と名づけられた。この名前は台湾総督府農事試験場の藤黒与三郎と沢田兼吉の名前からとられている。彼らは菌の分類や同定にかかわった研究者である。なお、現在では種子を消毒することによって馬鹿苗病を防ぐことができる。

病気の原因はカビのつくった毒素

なぜ、カビがつくとイネが伸びるのか。この疑問に、最初にとりくんだのが当時台湾総督府農事試験場に勤務していた黒沢栄一である。彼は原因となるカビを分離・培養し、そのろ液を健全なイネの苗にあたえると、カビがついた苗と同様に背丈が伸びることを確認した。この結果から、カビがある種の毒素を生産して体外に分泌し、それがイネに作用して馬鹿苗病をひきおこすことがわかった。一九二六年、黒沢はつぎの結論を、『台湾博物学会誌』に公表している。

一．イネ馬鹿苗病菌はイネの伸長を促す一種の毒素を分泌する。
二．その毒素はイネの伸長を促すほかに、葉緑素の形成および根の発育を阻害する。
三．その毒素はイネだけでなく、他の植物に対しても同様の作用をする。
四．その毒素は百度に四時間おいても毒性はあまり変化しない。

五. その毒素を分泌することは、本菌の特徴である。

六. イネの品種によって効果は異なる。

七. イネはこの毒素に対する抗毒素を生産できない。

この報告から、生物学的に重要なことがいくつか読みとれる。三. は毒素の効果の植物に対する普遍性を、五. は細胞内で生産した毒素を体外に分泌することを、六. は品種間の感受性の差異を、七. は植物には脊椎動物におけるような解毒機構がないことを述べている。また、毒素の化学的な性質として、四. で熱にきわめて安定であることも明らかにしている。このような黒沢の深い洞察力と実験方法は、その後の植物病原菌の毒素に関する研究の手本となった。このような実験結果を得るには、毒素の活性を検定する方法が必要であった。七つの項目はそれぞれイネや他の植物の苗を用いて毒素の活性があるかどうか、ある処理をしたあとに活性が残っているかどうか、などの測定結果から得られたものである。このように、生物を用いて化合物の活性を測定する方法を「生物検定法」という(序章参照)。

原因毒素の正体

イネ馬鹿苗病菌の毒素に関する研究は、最初にわが国ではじまった。一九三一年に東京大学農学部の藪田貞治郎らは、この毒素をかなり純粋に近いところまで精製し、菌の学名にちなんで gibberellin と名づけた。当初はドイツ語読みで「ギベレリン」とよんでいたが、現在では英語読みで「ジベレリン」とよばれている。一九三八年には、藪田とその弟子の住木諭介により病原菌の培養ろ液からジベレリンを精製し、生物活性をもつ結晶が得られた。しかし残念ながら、この研究は第二次世界大戦のためにいったん中断された。ジベレリンに関する研究は、戦前は日本だけであったが、戦後は米国、英国でも開始された。いずれの国でも構造のよく似たジベレリンの混合物が得られていた。お互いの試料を交換して調べてみると、少なくとも三種類のジベレリンの存在が明らかとなった。のちにこれら複数のジベレリンについて、gibberellin A_x（xは新たに発見された順番に番号をつける。GA_xと略記）と表されるようになった。現在では、xは一三〇を超えている。

ジベレリンの化学構造

日本と英国のグループは、GA_1およびGA_3を用いてジベレリンの化学構造の解析でしのぎを削った。当時、構造解析の強力な武器として登場した赤外線吸収スペクトル法による解析とさまざまな化学反応を組合わせて部分構造を推定しながら、ジベレリンの全体構造を決めていく作業がおこなわれた。日本のグループが用いたジベレリン生産菌は構造の類似した複数のジベレリンを少量ずつ生産するのに対して、英国のグループが用いた生産菌は二種類のジベレリンを大量に（培養液一リットルあたり約二百ミリグラムも）つくることから、英国のグループは有利な条件で研究を進めることができた。両グループから構造式が提出され、その訂正を何回かくり返し、最終的には一九五九年に、英国のB・E・クロスによりGA_3の構造が見事に決定された。また、他のジベレリンについてもGA_3の化学構造と関連づけて明らかにされた。図1・2に示したGA_3は炭素原子十九個からなるが、炭素原子二十個の前駆体からつくられる。その前駆体は炭素原子五個のイソプレン単位（イソペンテニル二

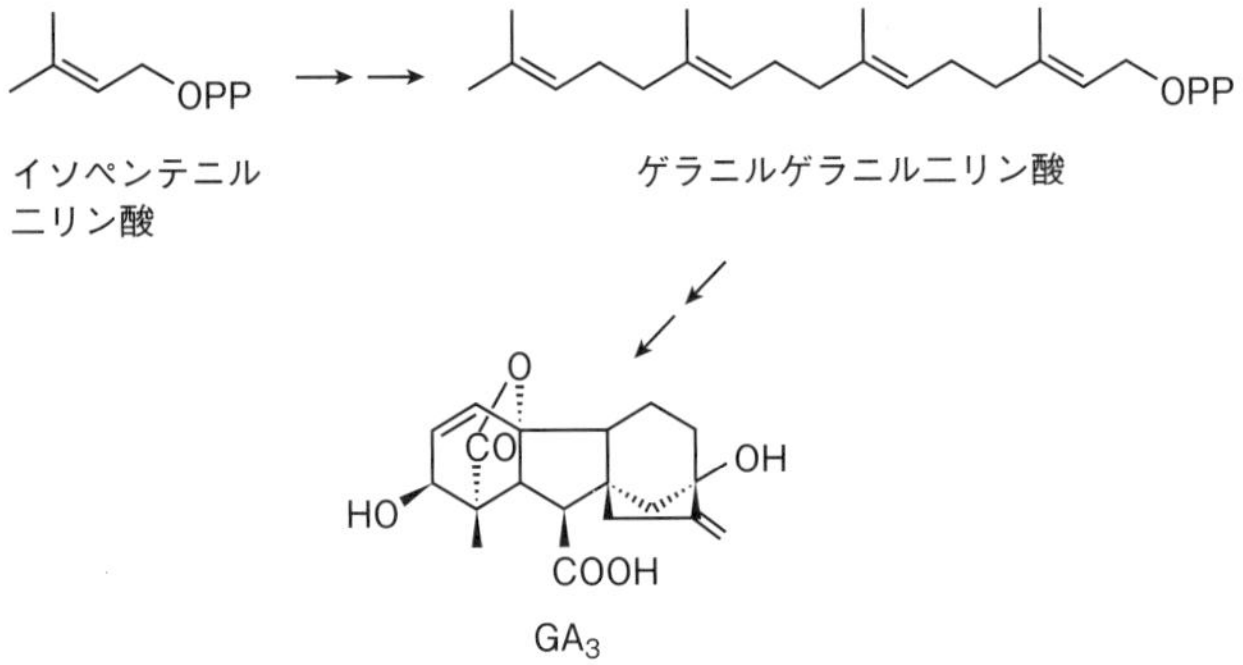

図１・２　ジベレリン A_3(GA_3) の構造とその生合成

リン酸）が四つ組合わさって合成される。このようにイソプレン単位をもとに生合成される一群の化合物をイソプレノイド（別名、テルペノイド）とよぶ。

植物自身もつくっていた

一九五一年に米国のＪ・Ｗ・ミッチェルらは、あるマメ科植物の未熟種子の抽出物にジベレリンに類似した活性があることを見いだした。これを受けて、英国のＪ・マクミランらはベニバナインゲンの未熟種子から活性物質を精製し、複数のジベレリンが存在することを確認した。さらに、ゴガツササゲの未熟種子や温州ミカンの徒長枝（長く伸びた枝）からもジベレリンが単離された。このようにして、ジベレリンをつくるカビとは関係なく、高等植物自身もジベレリンをつくることがわかった。植物由来のジベレリンには植物固有のものもあるし、カビ由来のジベレリンと同じものもある。図１・３に代表的なジベレリンの構造を示した。さまざまな植物からジベレリンが単離され、その伸長作用が植物本来の生理作用であることが認められ、ジベレリンは「植物ホルモ

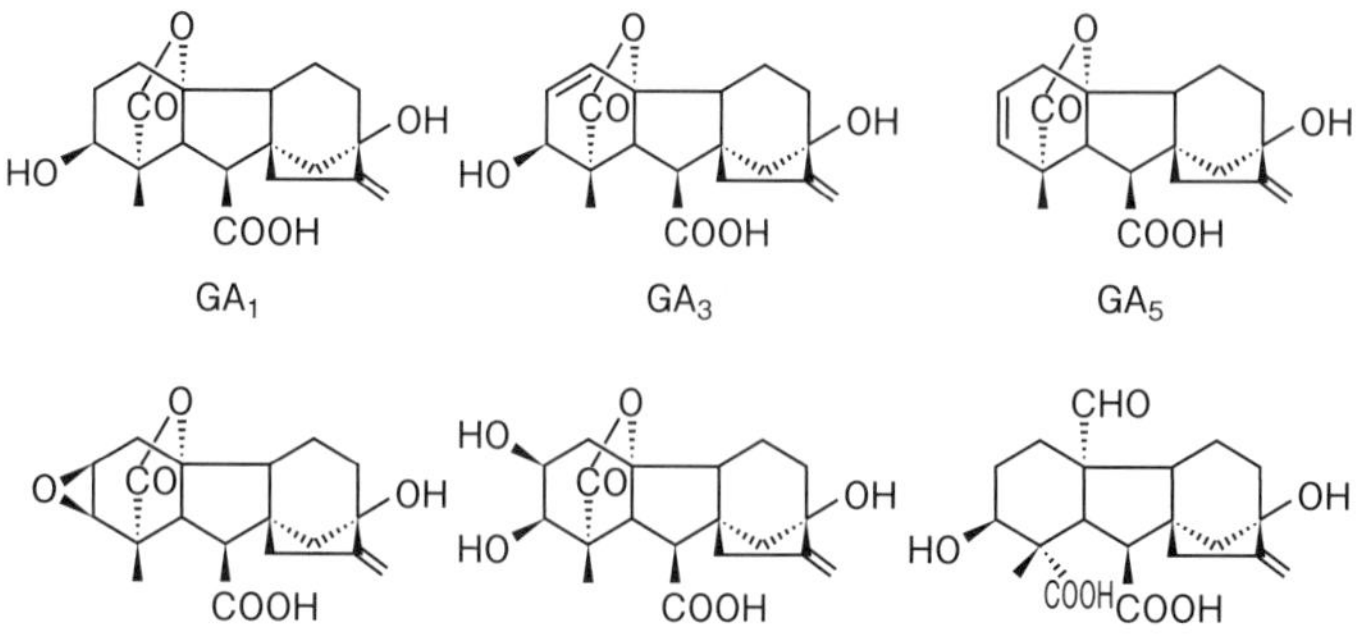

図1・3　代表的なジベレリンの構造

ン」の仲間入りを果たした。

タケノコの缶詰から

「雨後のタケノコ」といわれるように、タケノコは伸長のスピードがとても速い。一日に数十センチも伸びる。このため、タケノコにはジベレリンが多量に含まれていると予想された。実際、一九六三年に大阪府立大学の加藤次郎によって、タケノコには未知のジベレリンが含まれている可能性が示された。そこで、東京大学農学部の研究グループはこのジベレリンの精製を試みた。タケノコに含まれるのはごくわずかであると推測されたので、材料はできるだけ多いほうが良かったが、高価なタケノコを大量に入手するほど研究費にゆとりはなかった。そこで、タケノコの缶詰に目をつけた。缶詰製造の過程で、そのゆで汁は不要になるが、きっとジベレリンが少しでも抽出されているに違いないと思われた。予感は的中し、実際にゆで汁にジベレリン活性があることが確認された。彼らは静岡県清水市（現静岡市）にあるタケノコの缶詰工場に頼んで、四十四

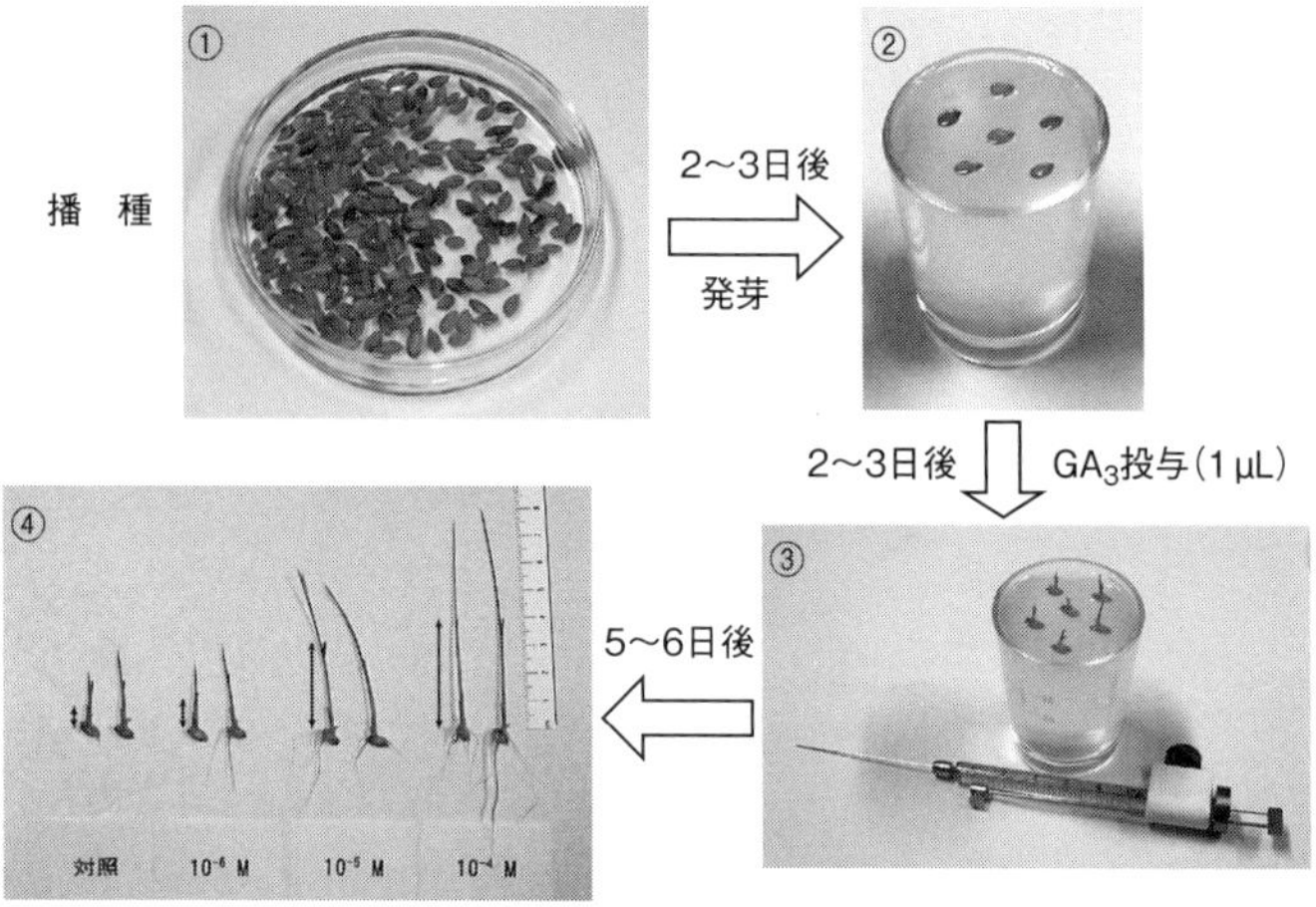

図1・4　ジベレリンの生物検定法　① イネ矮性種の種子を水に浸す，② 発芽した種子を0.8％寒天上に芽が上になるように埋込む，③ 第一葉と根が伸びてきたとき，マイクロシリンジでジベレリン溶液1 µLを子葉鞘の付け根部分に塗布する，④ 第二葉鞘（矢印のあいだ）の長さを測定する．未知試料の場合の第二葉鞘の長さからジベレリン濃度が推定できる．写真：著者提供

トンのタケノコのゆで汁を無償でいただき、それを興津農協のミカンの缶詰工場にお願いして、石油缶約五十個分（九百リットル）まで濃縮し、さらにこれを製薬会社の抗生物質抽出装置を用いて有機溶剤で抽出し、その濃縮液を研究室に持ち帰った。一年をかけてさまざまな精製方法を試した結果、最終的に十四ミリグラムのジベレリンの結晶が得られた。ごくわずかな量ではあったが、幸いにも構造解析の結果、新しいジベレリンであることが判明し、GA_{19}と名づけられた（図1・3参照）。

その多様な作用

ジベレリンはもともと植物の茎の伸長を促す作用で発見されたが、そのほかにもいくつかの作用をもつことがわかっている。

エンドウ、トウモロコシ、イネなどにおいて通常よりも草丈が低い種が見いだされている。これらを矮性種というが、ジベレリンの生合成に必要な酵素の遺伝子の一部が欠損しているために生じたものである。ジベレリンはこのような矮性種に対して、野生種より微量で顕著な伸長作用を示す。このため、ジベレリンの生物検定法には矮性種が利用されている（図1・4）。

植物には日長によって開花が調節されているものが多い（第2章参照）。長日植物（明るい時間帯がある時間より長くなると開花する植物）であるヒヨスを短日条件下で育てると茎が伸びないロゼット型になるが、この条件下でジベレリンをあたえると茎が伸びて開花するようになる（図1・5）。このように、ジベレリンには光を代替する作用がある。

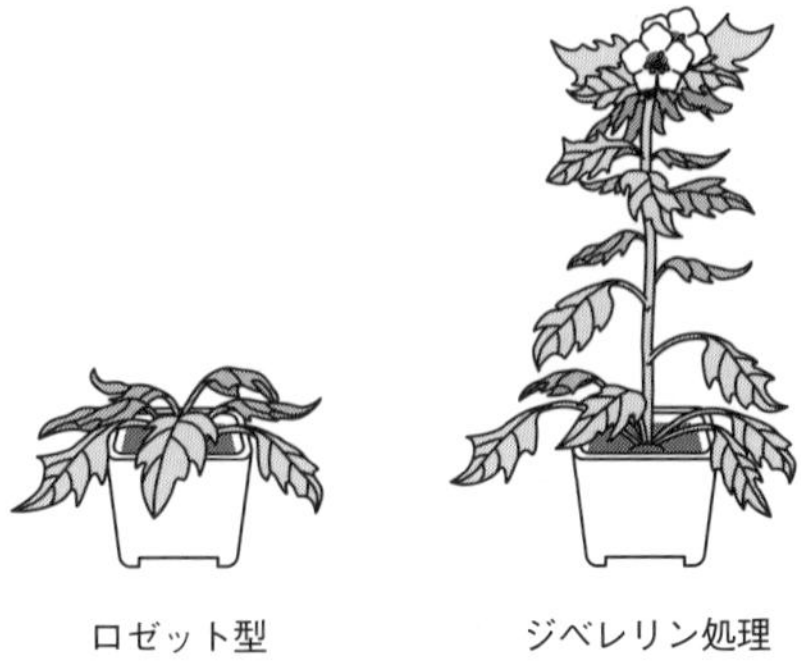

図1・5　長日植物に対するジベレリンの作用

さらに、ジベレリンには休眠（第3章）から目覚めさせる作用もある。たとえば、ジャガイモの塊茎は休眠中には発芽しないが、ジベレリンを与えると休眠から目覚めて発芽する。また、レタスやタバコは品種によって種子の発芽に光を要求するものがある。このような種子は光をあたえないと発芽しないが、ジベレリンをあたえると暗闇でも発芽するようになる。

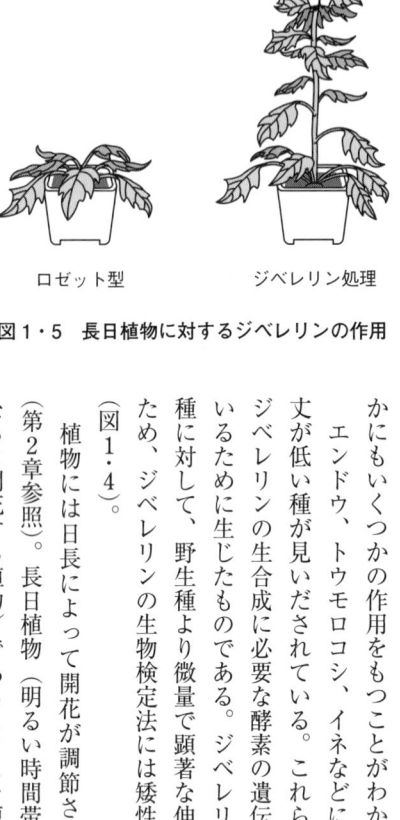

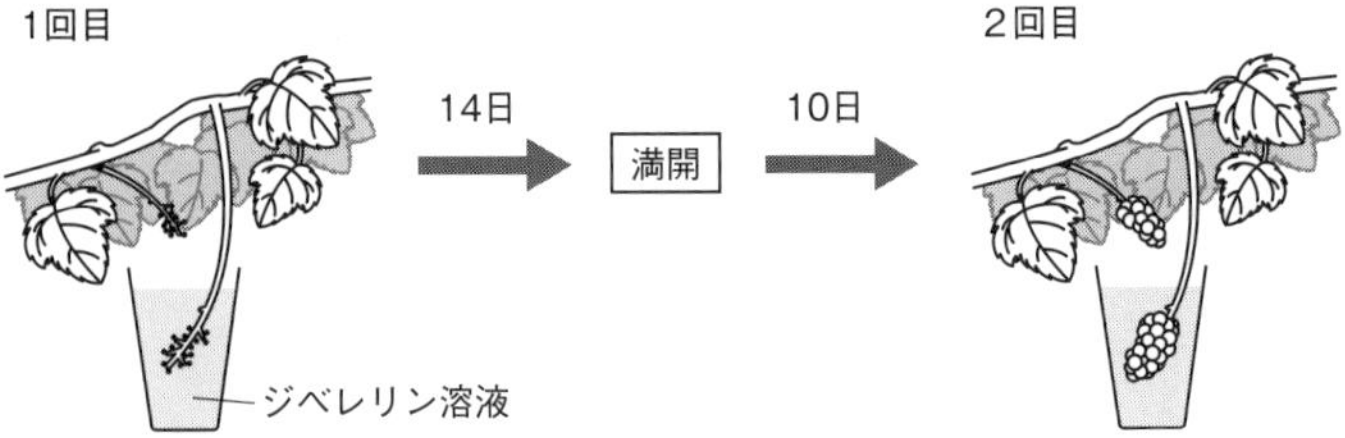

図1・6　種なしブドウのつくり方　ジベレリン溶液(100 ppm(1リットル中に0.1グラムを溶かした溶液))に2回浸す

ジベレリンには単為結果（受精しないで果実が実る現象）を誘導する作用も知られている。通常、高等植物ではめしべの柱頭におしべからの花粉がついて花粉管が伸び、子房の中の卵と結合（受精）し、子房が成長して果実ができると同時に、種子ができる。ある種の植物では、受精前にジベレリンを投与すると種のない果実ができる。

農業や発酵産業への応用

現在では、ジベレリンを使っていくつかの応用がなされている。一つは、成長作用を利用したものであり、ジベレリンを葉面に散布することで野菜類の生育を促進させると、収穫期が早められると同時に、収量も増加する。また、もっともよく知られているのは前記の単為結果の誘導による「種なしブドウ」の生産への応用である。デラウェア種のブドウでは粒と粒のあいだが狭く、そのために果皮が破れたりして品質が低下する。そのため、粒を間引く代わりに、ジベレリン処理により房の枝を伸長させて粒と粒のあいだを広げることが試みられた。ところが予期せず、この試験中に種のないブドウができることが見いだされた。さらに詳細に検討した結果、確実

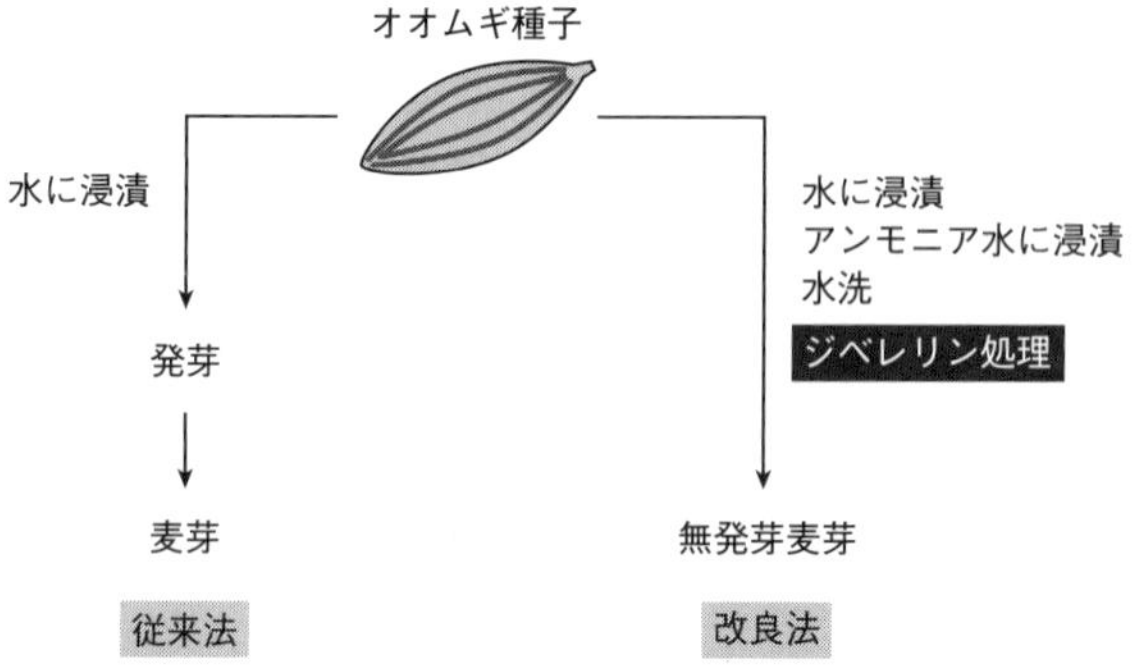

図1・7　ジベレリン処理による無発芽麦芽の製造

に単為結果を誘導し、商品価値のある種なしブドウの生産が可能になった。実際には、満開予定日の十四日前にブドウの房をジベレリン溶液に浸し、実際の満開日から十日後にもう一度同じ処理をすることによって達成される（図1・6）。そのほかにも、かんきつ類の落果防止、イチゴ、ナスなどの着果数増加、チューリップ、シクラメン、キクなどの開花促進など、さまざまな目的で利用されている。

もう一つの重要な応用は、ジベレリンがデンプンを分解する酵素であるα-アミラーゼを誘導することを利用したものである。ビールは、原料であるオオムギを発芽させ、オオムギ自身のα-アミラーゼによってデンプンをブドウ糖にまで分解し、さらにブドウ糖をアルコール発酵させることで醸造される。このとき、オオムギが発芽するさいに養分であるデンプンが消費されてしまう。そこで、デンプンを無駄なく利用できるように、種子をまずアンモニア水に浸漬して発芽に必要な胚の部分を不活性化して発芽しない状態にし、ついでジベレリンで処理してα-アミラーゼを誘導し、デンプンをブドウ糖に分解するという方法が考案された（図1・7）。

第2章　花々を導く物質の探索

花には色とりどりのものがあり、同時に独特の匂いを発し、受精のために色や匂いで昆虫をよび寄せたりする。花は種子をつくって子孫を残すための生殖器官であり、花がつくには「花芽の形成（花成）」が重要となる。このような現象は、いったいどのような物質によって導かれるのだろうか。

花が開くための準備

日本人は季節に敏感であるといわれる。まわりの自然が季節を彩り、それぞれの季節に特有な植物の姿が絶えず目に映るからであろう。春になるといっせいに芽を吹き、サクラやチューリップなどの花が咲き乱れ、やがて新緑の季節を迎える。夏にはヒマワリやアサガオなどが咲き、秋になると野山は美しい紅葉で彩られ、コスモスやキクなどが咲き、冬は多くの植物で落葉するが、サザンカやスイセンなどが花開く。それぞれの植物が季節を読みとって花を咲かせ、自分にもっとも都合の良い繁殖戦略をとっている。

花が咲くことは、植物が栄養成長から生殖成長に転換したことを意味する。すなわち、茎頂ではそれまで葉をつくっていたものが、花芽（花になる芽）を形成するように変化し、つぎの世代につなげ

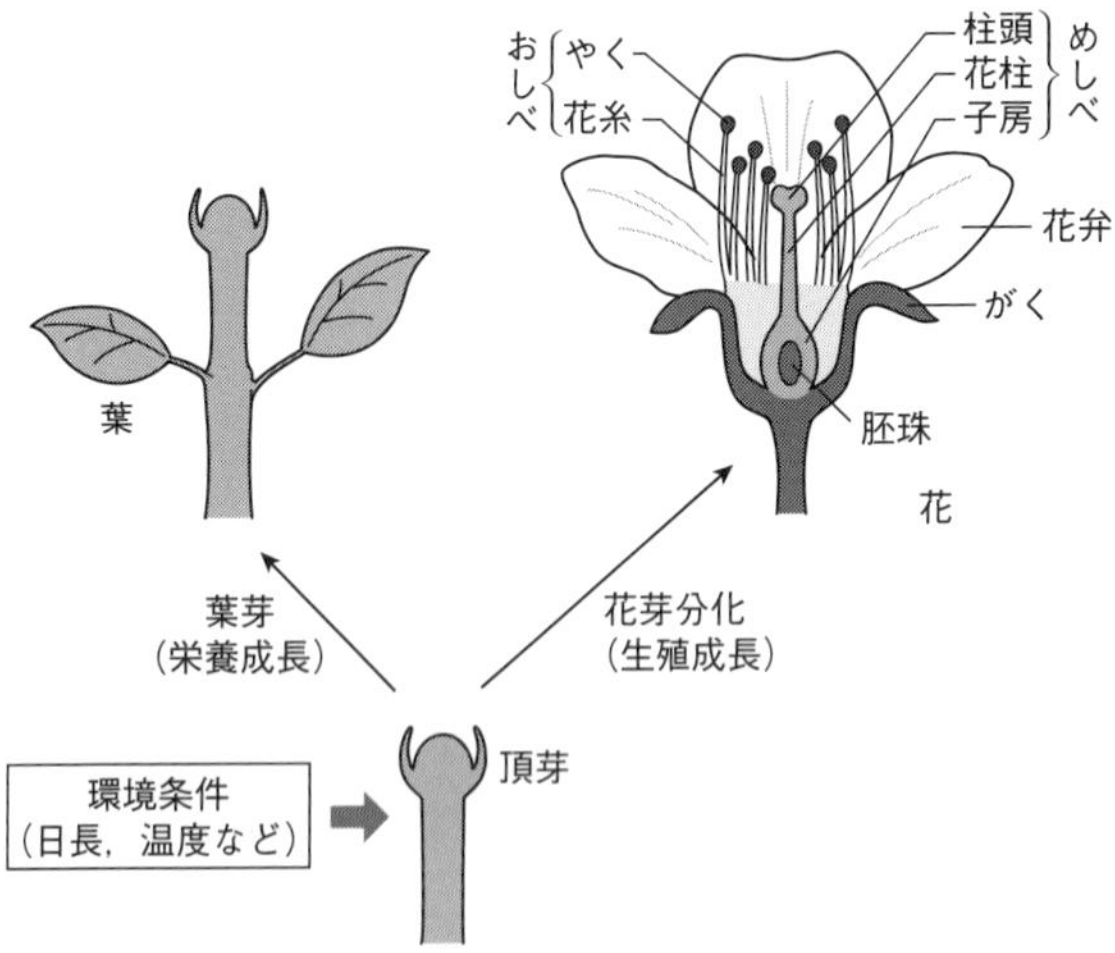

図2・1　花芽分化と花の構造

る準備に入る（図2・1）。この現象は「花芽分化」とよばれている。小さな花芽は、しだいに成長して花となる。花は基本的に、がく、花弁、めしべ、胚珠、おしべから構成されており、自分自身あるいは同種の他の個体のおしべでつくられる花粉がめしべの柱頭につくと花粉管が伸びていき、最終的に受精し、種子を形成する。花芽の形成には、日長や温度などの環境条件が関係することが経験的に知られている。

生き物は昼夜の長さを測る

われわれは季節を日長（正確に刻まれる明るい時間帯）と気温だけでなく、すでに述べたように四季折々の風景からも視覚で感じとっている。このような季節は太陽のまわりを回る地球の公転面に対する地軸の傾きによって生じる。春分、夏至、秋分、冬至は地球の運動の節目を表している。夏至の日長（日照時間）は約十四・五時間であるのに対して、冬至は約九・五時間しかない。日長はきわめて正確に決まっているのに対して、気温は年ごとの差が大きい。このため、多くの生物はより正確な日長の情報をもとにして環境の変化に適応している。これを「光周性」という。光周性によって制御されている現象としては、動物における生殖腺の発達、換羽（鳥類における羽の生え換り）、渡り、回遊、休眠など、植物における花芽の形成（花成）、塊根や塊茎の形成、落葉、休眠などである。このように動物や植物では類似する点も多いことがわかる。多くの場合、日長の変化に関する情報はホルモンの合成や分泌を介して体内に伝えられる。

一日の日長がある一定時間より長くなってはじめておこる性質を「長日性」、逆に一定時間より短くなってはじめておこる性質を「短日性」という。この一定時間を限界日長という。限界日長の長さはそれぞれの生物によって異なっている。

表２・１　おもな長日，短日，中性植物

長日植物	短日植物	中性植物
シロイヌナズナ	イネ	トマト
アブラナ	キク	エンドウ
ホウレンソウ	アサガオ	トウモロコシ
キャベツ	オナモミ	ハコベ
コムギ	ダイズ	シクラメン
カーネーション	コスモス	ゼラニウム
ペチュニア	カランコエ	バラ
フヨウ	ポインセチア	チューリップ
アヤメ	サルビア	アジサイ

植物における光周性

花芽の形成に関して、長日性の植物を長日植物、短日性の植物を短日植物という。そのほか、日長とは関係ないものを中性植物という。これらの代表的な植物を表２・１に示した。長日植物は短日条件では決して花芽をつけないし、逆に短日植物は長日条件では花芽をつけない（図２・２）。植物の花芽形成にお

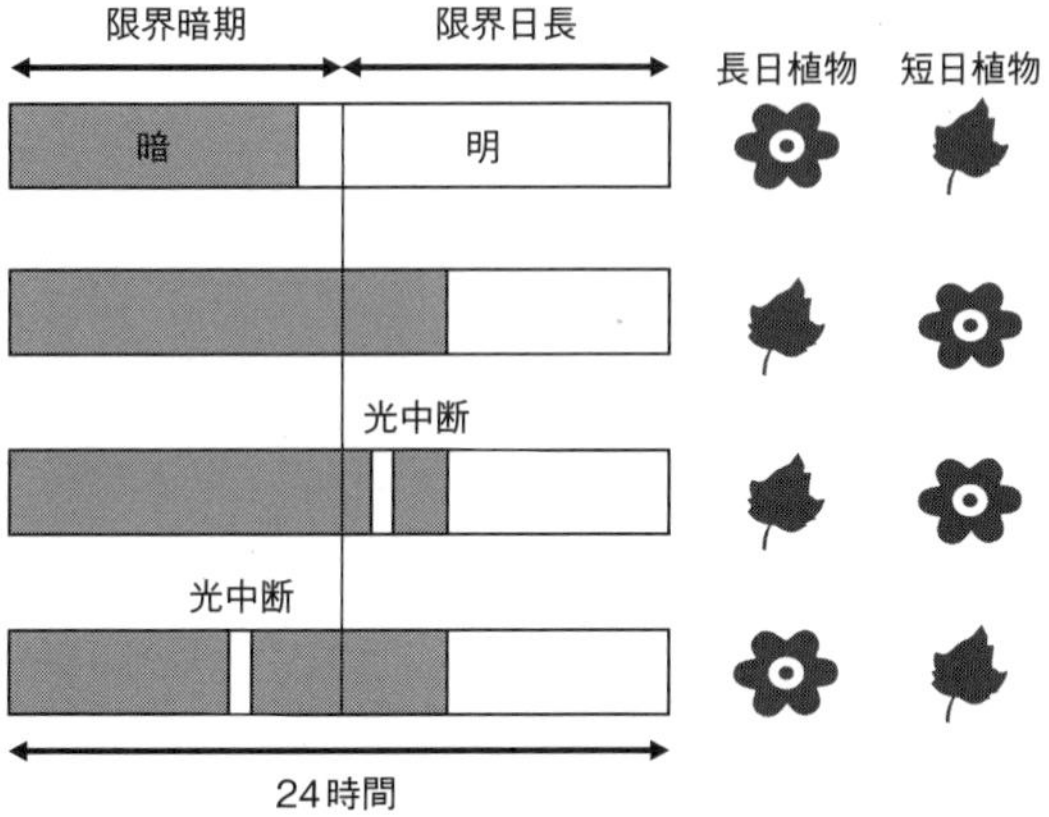

図2・2　日長条件と花成　連続した暗期の長さが重要である

ける光周性は、一九二〇年代になって明らかにされた。

これまでは昼間の時間（明期）の長さで話を進めてきた。しかし、短日植物において短日条件で夜の時間（暗期）の途中で短時間光を当てる（光中断という）と花芽をつくらなくなることがわかった。ただし、光中断しても、暗期の長さが確保されていれば、その効果はなかった。このようなことから、連続した一定の暗期の長さが重要であることがわかった。すなわち、短日植物はある暗期の長さ（限界暗期）より長い暗期のとき花芽をつけ、長日植物はある暗期の長さより短い暗期のとき花芽をつける。

花成ホルモンの発見

一九二〇年、米国のW・W・ガーナーとH・A・アラードはメリーランド・マンモスという品種のタバコが冬近くになってやっと花が咲くので、もっと早く花を咲かせるために試行錯誤した結果、短日条件におくと早期に花芽が形成できることを見いだした。この実

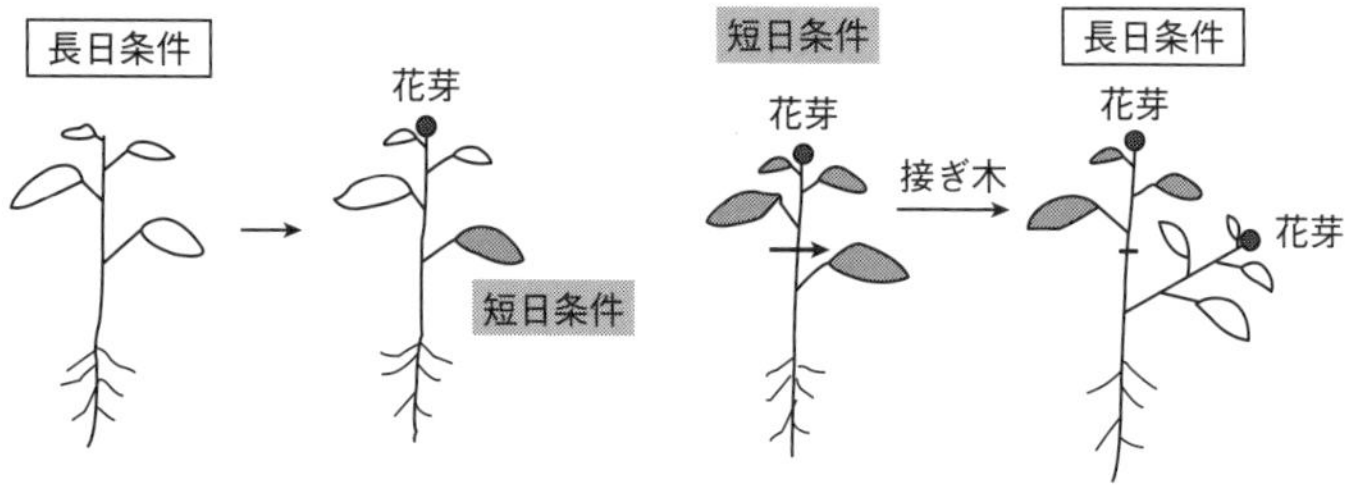

図２・３　オナモミを用いた短日処理および接ぎ木実験

験によって、はじめて花芽形成に日長が重要であることがわかった。

その後、さまざまな実験がおこなわれ、花成のしくみが明らかとなった（図２・３）。短日植物のオナモミを長日条件におき、そのうちの一枚の葉だけを短日条件（残りの葉は長日条件のまま）におくと、花芽を形成した。さらに、短日条件においたオナモミの植物体の一部を切り、長日条件においたオナモミに接ぎ木をしたところ、長日条件におかれた植物体の部分にも花芽をつけた。この結果から、短日条件においたオナモミの葉でつくられたある種の化合物が茎を通って頂芽に達し、花芽を誘導するものと考えられた。また、長日条件においた葉はそれを阻害しないこともわかった。さらに、一九三七年にソ連のＭ・Ｋ・チャイラキアンは光周性を受容する部分が葉であることを明らかにし、葉でつくられる物質をフロリゲン（florigen）と名づけた。わが国では花成ホルモンあるいは開花ホルモンとよんでいる。

花成に関する研究は日本でも精力的におこなわれた。京都大学の滝本敦はアサガオの一品種であるムラサキの最初の双葉が出たとき、その双葉に対してわずか一回の短日処理をするだけで花成を誘導できることを見いだした（図２・４）。光の条件を少し変えるだけ

図2・4　アサガオ「ムラサキ」の開花実験　滝本敦氏提供

でこれほど小さな植物体にも大きな花が咲かせられることは驚きであり、この写真は花成ホルモンの正体を知りたいと考える多くの研究者の夢をふくらませた。また、彼は花芽に分化した脇芽の数によって花成ホルモンの活性の強弱を判定できること、および葉から頂芽まで花成ホルモンが移動していく速さを推定できることも示した。

その正体を探る

花成ホルモンの存在が明らかになると、当然その正体を知りたくなる。しかも、このホルモンを用いて開花時期の調節が可能となれば、農業などへの応用が期待できる。そこで、多くの研究者がこの未知のホルモンの探索を試みた。

あとの章でふれる動物ホルモンの場合とは異なり、当時知られていた植物ホルモンはジベレリン（第1章）などのような脂溶性の低分子化合物であった。そのため、花成ホルモンも同様に脂溶性低分子化合物であるという前提に立って探索がおこなわれた。

しかし、ここで大きな問題があった。他の生物活性物質に適用したような生物検定法がなかったのだ。そのため、試行錯誤のうえに、短日植物であるウキクサを用いた検定法が開発された。ウキクサなどからの抽出物を精製すると、サリチル酸を含むいくつかの候補化合物が得られた。しかし、短日・長日処理して測定した植物体内でのこれらの化合物の含有量には差は認められず、これらが花成ホルモンであると考えるのは困難であった。また、別の実験ではウキクサを検定植物として脂肪酸の酸化物が候補となったが、体内でつくられる量は植物によって異なり、花成との関係は明確ではなかった。

一方、生物検定法を用いずに何らかの手がかりを得るため、花芽誘導条件下と花芽非誘導条件下で育てた植物の葉および頂芽の脂溶性化合物の成分の比較がおこなわれた。しかし、両者に明確な差は見いだされなかった。

タンパク質だったという衝撃

花成ホルモンの正体は謎のままであったが、ついに解決するときがやってきた。それは、従来の生物検定法によるものではなく、近年の分子遺伝学的技術によって成し遂げられた。この進歩著しい技術によって、短日植物のイネおよび長日植物のシロイヌナズナのゲノムの全塩基配列が解読され、各遺伝子の機能や発現の解析が可能になった。そこで、イネとシロイヌナズナにおいて、光周性による花成に関連する遺伝子の探索と機能の解析がおこなわれた。その結果、二〇〇〇年前後にイネでは短日条件下でのみ$Hd3a$遺伝子が、シロイヌナズナでは長日条件下でのみFT遺伝子が、いずれも葉で発現することで花芽が形成されることがわかった。$Hd3a$とFTの遺伝子配列は類似していることから、イネとシロイヌナズナでは光周性に関してはまったく逆の反応を示すが、花成において両者は類似していることが判明した。二〇〇七年、これらの遺伝子産物（Hd3aおよびFT）が花成ホルモンそのものであり、葉でつくられ、頂芽に運ばれて、花成を促すことがわかった（図2・5）。

Hd3aおよびFTは分子量が約二万のタンパク質で、それぞれ一七七、一七五個のアミノ酸からなる。最近、これらのタンパク質の立体構造が明らかにされた。これまでにわかっていた植物ホルモンはすべて低分子化合物であるのに対して、花成ホルモンははじめてのタンパク質ホルモンとなった。ガーナーとアラードの実験によってホルモンの存在が推定されて以来、追い求められていた花成ホルモンが意外にもタンパク質であったという事実に、研究者たちは大きな衝撃を受けた。

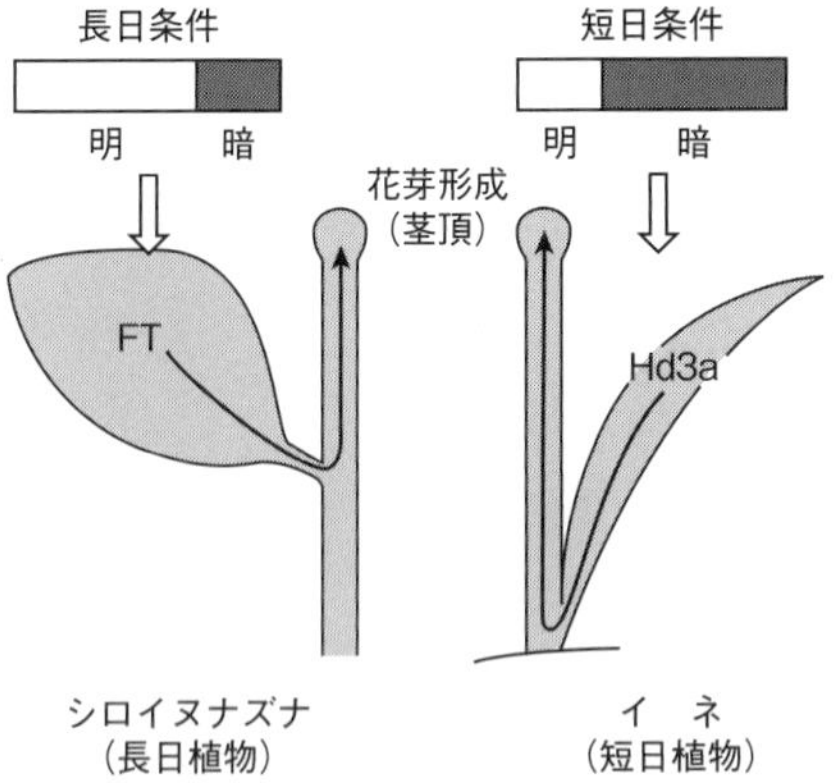

図2・5　イネとシロイヌナズナにおける花成のしくみ

光周性の応用

花成ホルモンが同定されるまえに、すでに光周性が農業において利用されていた。短日植物であるキクを正月に出荷するために、自然日長より日照時間を長くして開花時期を遅らせる方法が普及して

図2・6　渥美半島の電照菊風景　提供元：愛知県東三河農林水産事務所田原農業改良普及課

おり、電照菊とよばれている。特に、渥美半島の電照菊は有名である（図2・6）。限界日長より短くなって花成が誘導されないように、暗くなってから温室を電灯で照らす。これによって、年末だけでなく冬のあいだの出荷時期を見越したキクの切り花生産がおこなわれている。

春化とその応用

花成にとって重要な環境要因として、日長のほかに温度などがある。長日植物の多くでは、花成を促進するために、長い期間の低温（自然界では冬という季節）を経験することが必要となる。このような現象を「春化（バーナリゼーション）」という。たとえば、秋まきコムギは秋に種をまくと、発芽して幼植物の状態で寒い冬を越し、春を迎え長日条件になると花成する。春に種をまいた場合には、成長して葉を茂らせるが花をつけることはない。しかし、春になって種を給水させた状態で一定期間の低温にさらすと花芽を形成する。このように、人為的に低温処理（春化処理）をすることで、花成を促進することも可能となる。春化によって刺激を受ける部位は茎頂であるから、茎頂が一定期間の低温を経験してはじめて葉からの花成ホルモンを受容できると考えられている。

低温処理の農業への応用として、イチゴの育苗についてとりあげる。自然のなかで育ったイチゴは四月下旬に収穫を迎えるが、その一方で冬の訪れをまえにして店頭に並んでいるのをよくみかける。自然界では夏のあいだに成長した子株は秋の短日低温によって花芽分化がおこる。その後、花芽分化の速度はゆるみ、冬になると休眠状態（第3章）にはいる。そして、春になると目を覚まし、花をつける。

現在、イチゴの収穫時期をいくつかの方法によって調節することが可能となっている。たとえば、図2・7に示した低温暗黒処理法では、大きな倉庫の中で真っ暗にして温度を十四度前後に保つと、苗は二週間ほどで花芽分化がおこり、十一月には収穫できる。また、栄養分が少なくなると花芽分化が促進されるので、最終の肥料をやる時期も大事である。

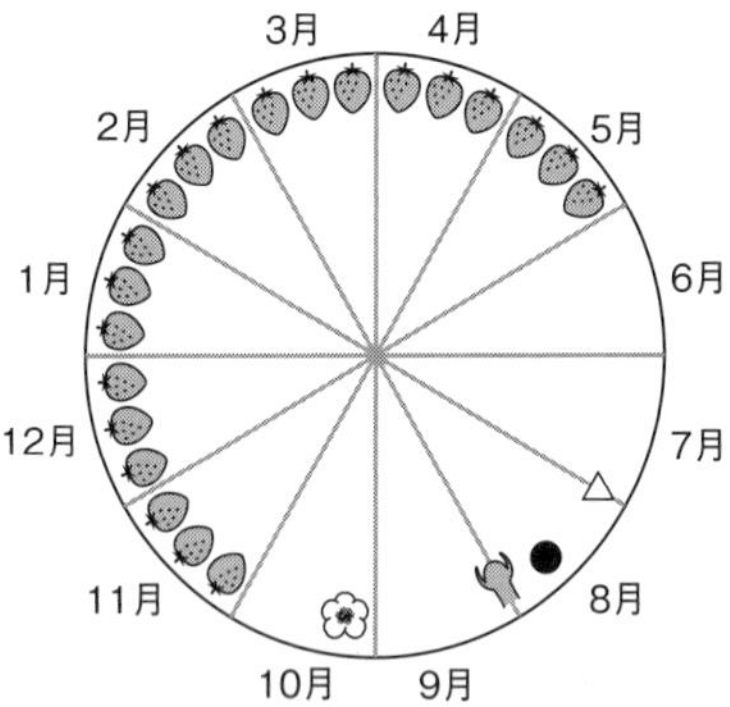

図2・7　イチゴの低温暗黒処理　収穫，△最終追肥，●低温暗黒処理，花芽分化，開花

第3章　休眠のしくみを探る

多くの生物は、自分にとって好ましくない環境の到来に備えて休眠に入り、その過酷な状況が過ぎ去ると休眠から目覚める。休眠によって自己の成長をいったん停止させて代謝活動を抑えることで、生命を維持するためのエネルギーを大幅に減らすことができる。また、休眠によって環境に適応する能力が増強することもわかっている。休眠は生存に適さない環境を生き抜くためのしたたかな「戦略」といえる。このような休眠のしくみは、どこまでわかっているのだろうか。

好ましくない環境条件とは

生物にはそれぞれ生育に適した環境条件がある。気温、日長、湿度（乾燥）、エサの有無などである。これらの条件は相互に関連している。たとえば、日長によって気温や湿度が変化すると、エサの状況も変わってくる。このうち、もっとも大きな影響を受けるのは気温であり、季節によって大きく変動する。特に、亜熱帯域から亜寒帯域までは劇的に変化する。熱帯域には雨季と乾季があり、極度の乾燥は水を必須とする生物にとって好ましくはない。また、もっとも寒い時期の到来を予測する手段として、多くの生物は日長を利用する。生育できないくらいの低温では、休眠（冬眠）する生物が

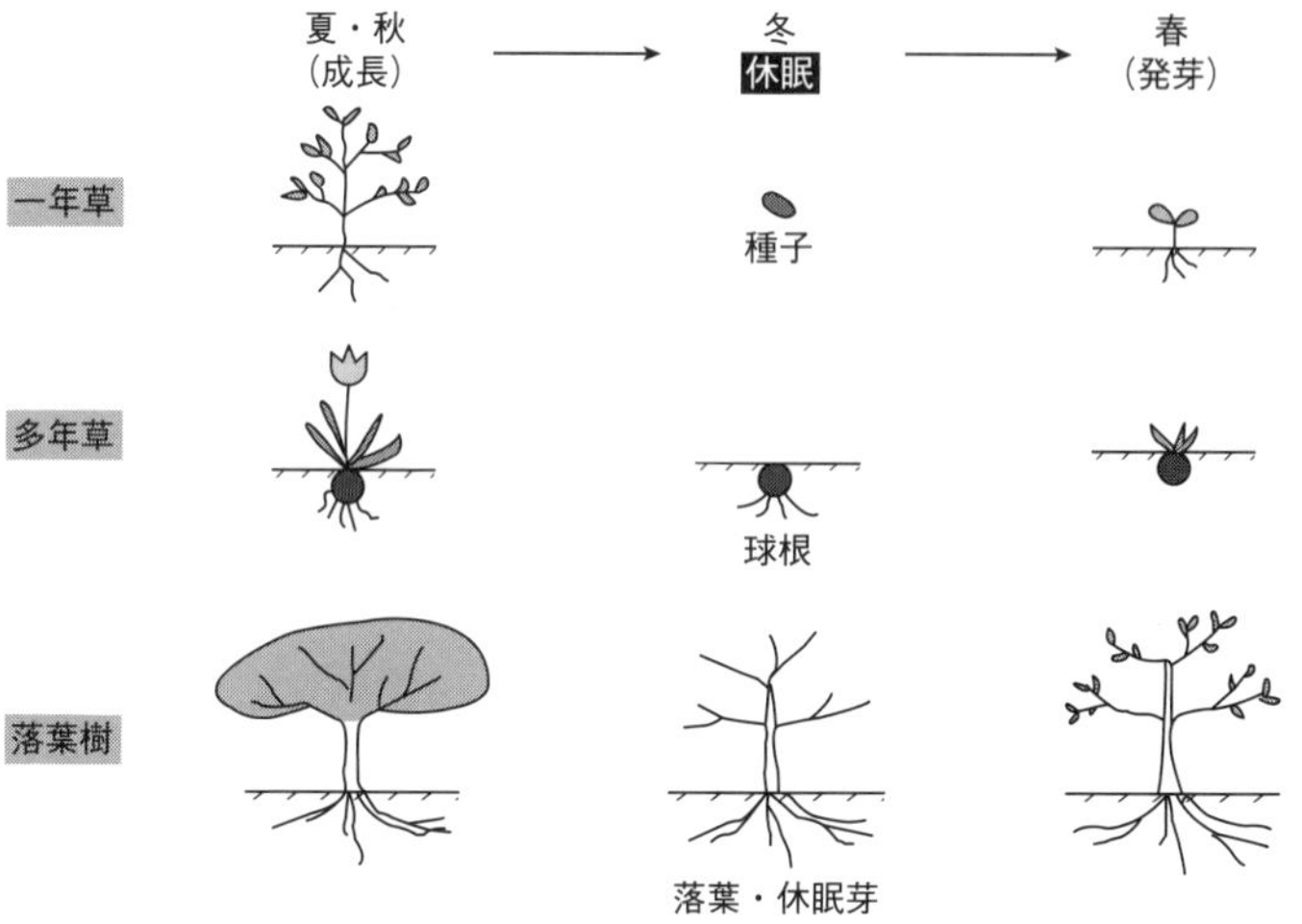

図３・１　植物の休眠

いる。逆に、暑熱乾燥の季節に休眠（夏眠）する生物もいる。

植物における休眠

多くの植物は寒さに耐えるための戦略として、「休眠」を選んだ。図３・１に示すように、一年草の植物は秋になると枯れて冬のあいだは種子の状態で休眠し、春になると目覚めて発芽する。しかし、種子は水分と温度が適当な条件にならないと発芽しない。多年草は秋になると地上部だけが枯れて根は休眠し、春になると再び芽を出す。落葉樹では秋になると葉を落とし、休眠芽の状態で冬を越し、春になると芽を出す。このように、一定の寒い時期を経験することが休眠から目覚める条件になる。これは人工的に低温処理（たとえば、冷蔵庫の中で三十〜五十日放置）をおこなうことでも達成される。

一方、ヒガンバナのように夏に地上部が枯れて休眠し、秋の彼岸近くになって急に芽を出し、赤い花を咲かせる植物もいる。これを夏眠という。

休眠を導くアブシジン酸

一九四〇年代後半、ジャガイモ塊茎の休眠芽に成長阻害物質の存在が示され、ひき続いてソラマメやヒマワリからも同様の物質を含む抽出物が得られた。この成長阻害物質はインヒビターβとよばれ、カエデなどの落葉樹の冬芽の休眠にもかかわっていることが示された。一方、一九六三年、米国のF・T・アディコットと大熊和彦はワタの落果現象に着目し、ワタの未熟果実二二五キログラムから落果を促進する因子を精製・純化し、九ミリグラムの結晶を得た。のちに、この物質は落葉を促すインヒビターβと同じ物質であることがわかり、アブシジン酸と名づけられた（図3・2）。アブシジン酸は種子の成熟過程に必須のホルモンであり、休眠を誘導する。未熟な種子においてアブシジン酸の生合成を阻害すると、休眠から目覚める。いったん休眠すると、適当な条件がそろわないと給水しても発芽しない。この発芽の抑制にもアブシジン酸がかかわっている。なお、アブシジン酸による落果や落葉はエチレンというホルモンの作用を介しておこなわれる。

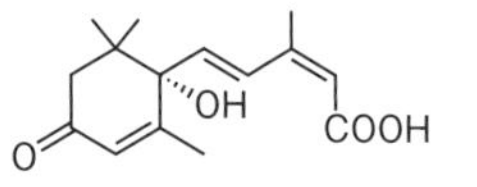

図3・2　アブシジン酸の構造

昆虫における休眠

昆虫では生活環のいろいろな発育段階で休眠することが知られており、種によっ

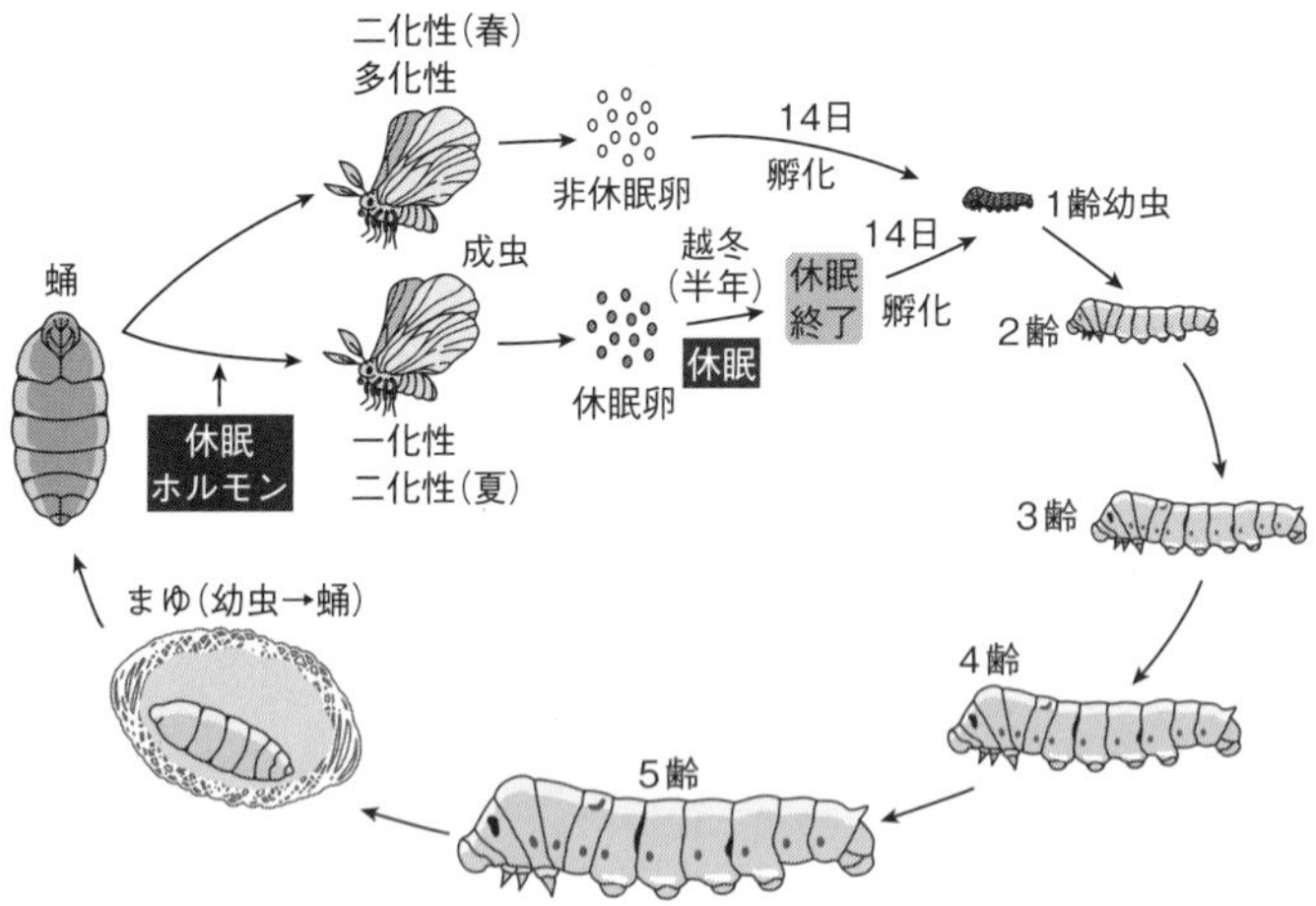

図3・3　カイコの生活環と休眠　「一化性」のカイコは春に孵化した幼虫（1齢幼虫は小さく黒いので蟻蚕とよばれる）が成虫となって休眠卵を産み，そのまま冬を越し春になって孵化する．「二化性」のカイコは春に孵化したものが成虫となって非休眠卵を産み，2週間ほどで孵化し，夏のあいだに成長して成虫となり休眠卵を産んで，冬を越す．「多化性」のカイコは一年中休眠しない．“まゆ”の中で幼虫から蛹に変態する

てどの段階で休眠するかが決まっている。すなわち、卵（胚）、幼虫、蛹（さなぎ）、成虫のすべての発育段階で休眠がみられる。種によっては、休眠する型と休眠しない型の両方が存在する。たとえば、カイコ（蚕）は温帯域で飼育されている品種では冬は卵で休眠するが、熱帯・亜熱帯域にいる品種は一年を通して休眠しない。カイコでは品種によって一年に回す生活環の回数（これを「化性」とよんでいる。図3・3）が異なる。一年に一回のものを一化性、二回のものを二化性、休眠しないものを多化性という。カイコはクワ（桑）の葉しか食べないが、日本の本土ではエサであるクワは冬にはすべて葉を落として休眠する。そのため、カイコも冬のあいだは卵で休眠

し、春になってクワの葉が芽吹きだしたころに休眠から目覚める。一方、熱帯・亜熱帯域のクワは一年を通して葉をつけているので、卵での休眠を必要としない多化性の種が生存できる。このような昆虫とエサとなる植物との密接な関係は、他の昆虫でもみられる。

休眠からの目覚めの調節

養蚕業ではカイコは卵で休眠するので大量の卵を低温保存し、休眠から目覚める時期を調節する技術が重要となる。一般に日本で飼育されているカイコは二化性である。春に休眠から目覚め、幼虫から蛹をへて成虫になり、メスはオスとの交尾後に卵を産む（図３・３）。この場合は非休眠卵であり、二週間ほどで孵化する。この時期は夏であるが、つぎに産卵するのは秋ごろになる。その卵は必ず休眠する。休眠卵と非休眠卵のどちらを産むかは、卵および幼虫の時期の日長と気温によって決まることがわかっている。比較的低温で短日条件では非休眠卵が、逆に高温で長日条件では休眠卵が産まれる。この発見は、明治の初期に長野県の蚕種製造業者（カイコの卵を製造する業者）であった藤岡甚三郎がたまたま武石峠（現在の長野県上田市、標高一三四〇メートル）付近の涼しい環境で育てると、次世代の卵は必ず非休眠卵になったことがきっかけとなっている。山には風穴（ふうけつ）とよばれる天然の冷蔵庫があり、休眠した卵を風穴に保存することで休眠から目覚める時期が調節できるようになった。図３・４の写真は世界文化遺産「富岡製糸場と絹産業遺産群」のひとつ荒船風穴（群馬県甘楽郡下仁田町）のなかでもっとも大きな二号風穴のものである。標高八四〇メートルほどの山あいの斜面に石積みが築かれ、そのすき間からは夏のあいだでも非常に冷たい風が吹き出している。

図3・4　風穴　岩のすき間から吹き出す冷風を利用したカイコの卵（蚕種《さんしゅ》）の貯蔵施設．写真は世界文化遺産「富岡製糸場と絹産業遺産群」のひとつ荒船風穴（2号風穴）．写真提供：群馬県

風穴内部では全国から送られてきた蚕種が木製の箱に収められ、壁にとりつけられた棚に貯蔵された。このような低温保存によって、それまで一年一回春だけしかできなかった養蚕が夏や秋にもできるようになり、絹糸の生産がいっきに増加した。このように、冷蔵庫がなかった時代には天然の涼しさを巧みに利用した技術が養蚕業の発展を支えた。このような蚕種貯蔵風穴は大正時代に全国に広がり、昭和初期まで利用されていた。

カイコの休眠ホルモンの発見

このような現象をあやつるホルモンの存在は、一九五一年に名古屋大学農学部の長谷川金作と同大学理学部の福田宗一によって独立に証明された。この休眠ホルモンが作用すると休眠卵になり、作用しないと非休眠卵になることがわかった（図3・3）。ホルモンは脳

1　　　　　　　　　　　　　　　　　　　10
Thr-Asp-Met-Lys-Asp-Glu-Ser-Asp-Arg-Gly-Ala-His-Ser-
　　　　　　　　　　　20　　　　　　　24
Glu-Arg-Gly-Ala-Leu-Trp-Phe-Gly-Pro-Arg-Leu-NH_2

図3・5　カイコの休眠ホルモンの構造

のつぎの神経節である食道下神経節でつくられ、蛹になって三、四日目に分泌される。非休眠卵を産むメスもこのホルモンをつくるが分泌しない。どういうわけか、オスも休眠ホルモンをつくることができる。すでに述べたように、休眠するかどうかは卵と幼虫期の環境によって決まるので、蛹になるまで何らかのかたちでその情報を蓄積（記憶）していると思われるが、この謎はまだ解かれていない。のちに、長谷川の後継者たちによって、大量のカイコの頭部から休眠ホルモンの精製が試みられたが、ホルモンが脂溶性化合物であるという先入観のために、望ましい成果は得られなかった。これも花成ホルモンの場合と類似している（第2章参照）。その後、食道下神経節だけを材料として、水溶性化合物を標的として検討された結果、一九九一年に休眠ホルモンがペプチドであることが明らかになった（図3・5）。ホルモンの発見から四十年というたゆまぬ努力の結果が、ここに花開いた。

休眠中に何がおこっているか

休眠中はすべての活動が停止しているわけではなく、そのあいだにも目覚めの準備が進んでいる。低温にある一定期間さらされると休眠から目覚めるが、そのときの環境条件が良くなければ、適当な時期まで待つことになる。カイコにおいては、濃い塩酸に短時間浸すことで休眠から目覚めさせることができる。すなわ

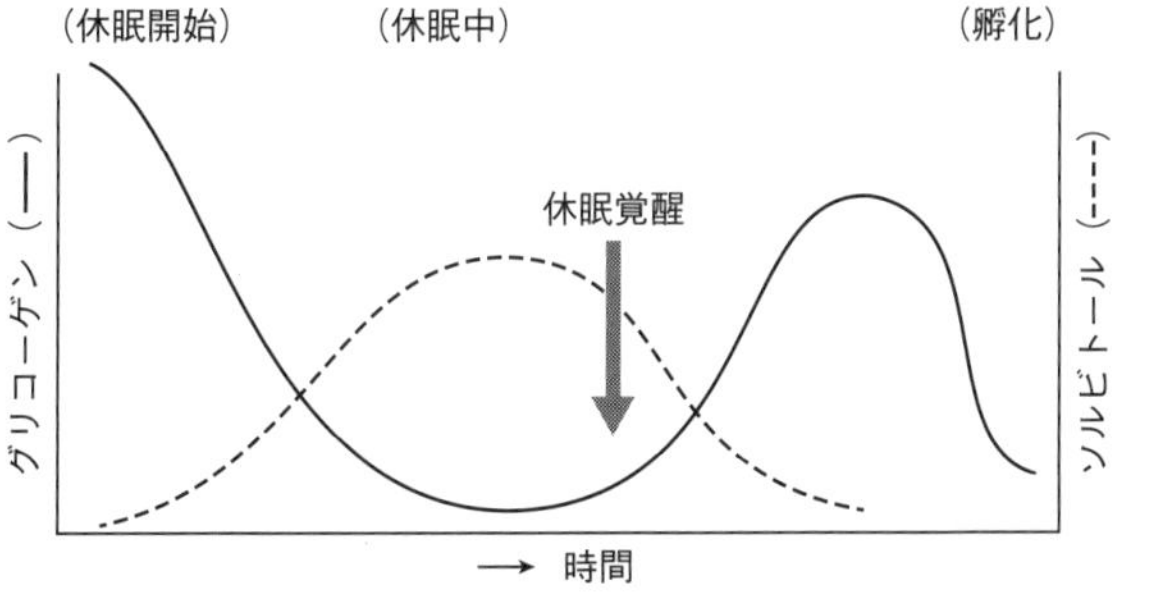

図3・6　カイコ休眠卵中のグリコーゲンおよびソルビトールの量的変動

ち、人為的にいつでも目覚めさせることが可能となり、養蚕業にとってひとつの重要な技術となっているが、そのしくみはわかっていない。休眠卵に含まれているグリコーゲンの量は急速に減少し、代わってソルビトールという糖アルコールおよびグリセリンが生成する（図3・6）。ソルビトールはグルコース（ブドウ糖）のアルデヒド（$-CHO$）がアルコール（$-CH_2OH$）に還元されたものである。これらの化合物は寒い冬に体液が凍らないための不凍液としてはたらいているほかに、ソルビトールは休眠を維持するのにも役立っていると考えられている。いったん減少したグリコーゲンは休眠から目覚めると再び上昇し、孵化する直前には幼虫の体づくりに使われてほとんどなくなる。

哺乳動物の冬眠

哺乳類で冬眠する動物には、クマ、シマリス、ヤマネ、コウモリなどがいる。恒温動物であるが、一般に冬眠中は体温が低下し、代謝活動が著しく低下する。シマリスでは、概年リズム（約一年を周期とするリズム）と連動して、特定の夕

図３・７　クマムシの乾燥耐性　左端（正常）のオニクマムシを乾燥させていくと徐々に小さくなり，それに再び水をかけるともとのかたち（右端）に戻る．鈴木忠氏提供

ンパク質が肝臓でつくられ、血液中に放出される。冬眠中には、このタンパク質の血中での濃度は急激に減少するが、一方で脳脊髄液中では数十倍に増加することがわかっている。そこで、このタンパク質のはたらきを阻害する抗体を脳内に投与したところ、その濃度に依存して冬眠が抑制され、逆に投与をやめると冬眠が再びはじまった。このようなことから、このタンパク質が冬眠を誘導すると考えられている。

その他の生物の休眠

カエルやヘビなどの両生類や爬虫類の冬眠はよく知られている。そのほかの例として、緩歩動物のクマムシがあげられる。クマムシは一ミリ以下の大きさで四対の足をもち、身のまわりの至るところに生息している。クマムシは驚くべきことに、極限の乾燥状態に耐えられる（図３・７）。乾燥すると脱水して縮まり、体内の水分がほとんど失われて仮死状態になる。これを「乾眠」とよぶ。しかし、水を供給すると目覚めて、再び活動をはじめる。乾眠状態では、普通の生物が生存できない超高温や超低温、超高圧や超真空、高い放射線量などの極限環境に耐えることができる。すでに、宇宙空間においてもクマムシの耐性について検証されており、軌道上で宇宙線や太陽光に直接さらされても生存できることが確かめられている。また、塩水湖に生息するブラインシュリンプ（アルテミア）の休眠卵は、適当な温度の塩水に戻すと孵化し、稚魚や稚エビなどのエサとして用いられているが、この休眠卵も乾眠状態にある。

ジャガイモシストセンチュウはジャガイモの根に寄生し、大きな被害を与える。メスは卵を産むと自身が丸いかたちの硬い膜となって卵を包み込む。これをシスト（包嚢）といい、低温や乾燥に対して耐性をもつ。このシストは休眠と同じ状態にあり、ジャガイモの根の浸出物で刺激されると孵化して、再び寄生する。この現象は第4章でとりあげる根に寄生する植物の種子の発芽に類似している。

地球上に存在する九十九％の微生物は人工培養ができないが、そのかなりの割合の微生物は休眠状態にあると考えられている。栄養を含めたさまざまな条件においても培養できない微生物が存在することは、最近になってメタゲノム解析（環境中の微生物を個別に分離して調べるのではなく、全体をまとめてゲノム解析する手法）によって明らかにされてきている。この休眠状態から目覚めさせることができれば、新たな微生物起源の有用な化合物が数多く得られる可能性がある。

第4章　植物における共存と戦いの裏に

生き物はあるときは他の生物を利用したり、またあるときには戦いをくり広げたりしながら生き延びてきた。なかには戦いに敗れて絶滅した生物も数多く存在する。このような場においても化学物質を巧みに利用する「戦略」がとられている。ここでは、特に植物を中心に話そう。

アレロパシー（多感作用）とは

植物はいったんある場所に定着すると、そこから移動できない。したがって、環境条件の良し悪しにかかわらず、いまの場所で生きるという宿命を背負っている。そのために、生きるためのいろいろな戦略をとっている。そのひとつに根から化学物質を分泌することで、まわりの植物や微生物と都合の良い関係をつくるというものがある。このように植物どうしあるいは植物と微生物のあいだに密接な関係があることは古くから知られていた。一九三七年、H・モリッシュ（現在のチェコ共和国ブルノ生まれ）はこのような関係を表す言葉として、「アレロパシー（allelopathy）」を新たに提唱した。わが国では「多感作用」と訳されている。また、アレロパシーをひきおこす化合物をアレロケミカル（多感物質）とよんでいる。モリッシュはアレロパシーを「ある植物から放出される化学物質が、他の植物や微生物に何らかの影響を及ぼす現象」と定義した（図4・1）。その後、この定義は少しずつ性格が変えられ、現在ではもっと広範囲におよんでいる。しかし、これにしたがって話を進めるといささか複雑になり、かえって全体像がとらえにくくなるので、ここではモリッシュの定義にもとづいて、アレロパシーを利用してどのような化学戦略がとられているかみていこう。

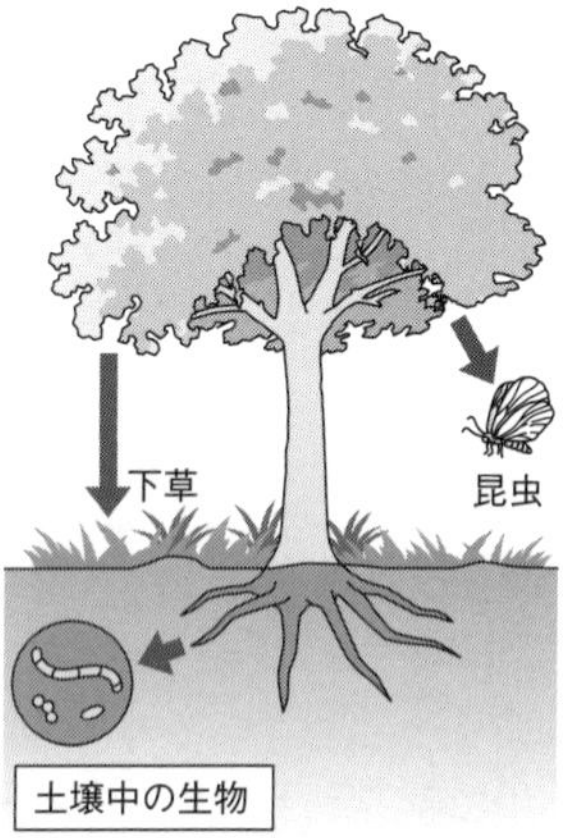

図4・1　アレロパシーのさまざまな作用　根や葉から放出される化学物質が他の生物に影響をあたえる

江戸時代の記録にも

江戸時代初期、岡山藩の儒学者熊沢蕃山はその著書『学問或問』のなかで、特に藩主や幕府の指導者に対して自身の治山治水論を具体的に提言している。そのなかに、「マツの露は樹下に生える草を枯らし、その汁は作物に有害であり、その土地がやせる」とある。生育が早くて栽培しやすいマツを海岸や山に安易に植林することを批判し、昔からの雑木林にすべきだと説いている。その根拠は、雑木林では下草が豊富に茂るのに対して、マツ林では下草がほとんど生えないためである。熊沢はこのような植物どうしの現象について経験的につかんでいたようである。

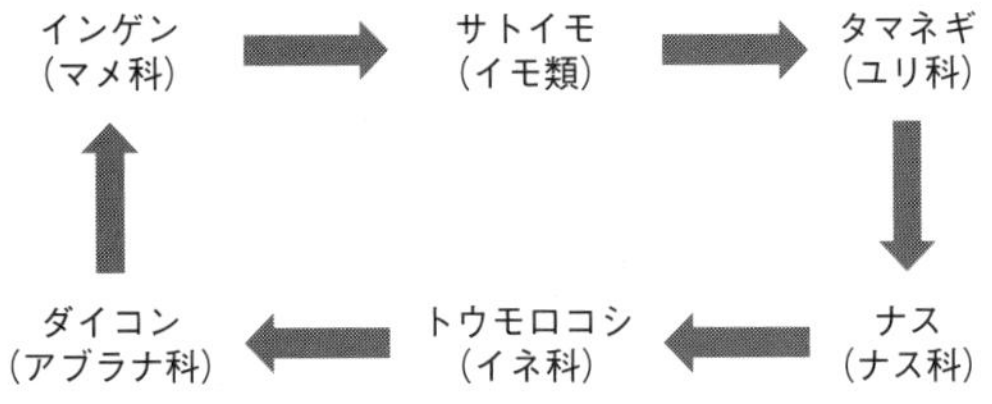

図４・２　輪作（畑のローテーション）　この例では６回でもとに戻る

農業における連作障害

農業は自然に逆行する人間の営みといえる。単一作物を広い面積に作付けし、そこに生えてくる雑草を排除して人工的な環境をつくりあげている。このような作物には連作（同じ作物を同じ場所で連続して栽培すること）できないものがある。この現象は生存戦略からみれば、同じ場所で繁殖するよりも自分の子孫には他の場所を積極的に選ばせ、生育域を拡大する戦略といえよう。連作によって土壌環境が変化し、年々収量が低下していく障害は、トマト、ナス、ゴボウ、スイカ、キュウリなどの野菜類や、モモ、イチジク、リンゴなどの果樹で知られている。イネでは、品種によって連作できるものとできないものがある。連作障害がある作物に対しては、輪作がおこなわれている（図４・２）。毎年、数か所の畑に作付けする作物を順に変えて数年後にはもとに戻す。ただし、連作障害だけでなく、作物どうしの好き嫌いがあり、ある作物を栽培したあとには別の作物は育たないこともあるので、輪作においてはうまく作物の種類と順序を選択する必要がある。

連作障害は、必ずしも植物の根から分泌されたり、枯れた個体から浸みだす物質が直接他の植物に影響をあたえる場合だけでなく、そのような物質によって土壌中の生物相や、栄養的な環境が変化したりして、間接的な影響を受けることも多い。たとえば、ある植物を植えることによってその植物自身には影響をおよぼさないが、他の植物に対して病気がおこりやすくなる場合もある。

この現象を積極的に利用した雑草の防除がおこなわれている。たとえば、レンゲのようなマメ科の作物の種を秋にまき、春になって水田に水をはってレンゲを枯らし、それが肥料になるだけでなく、腐敗して雑草の発生を抑えることが経験的になされてきた。また、もみ殻（図6・1参照）を田んぼにまいて雑草の発生を抑制することも試みられている。もみ殻から浸みだすモミラクトンという物質が一役を担っている。

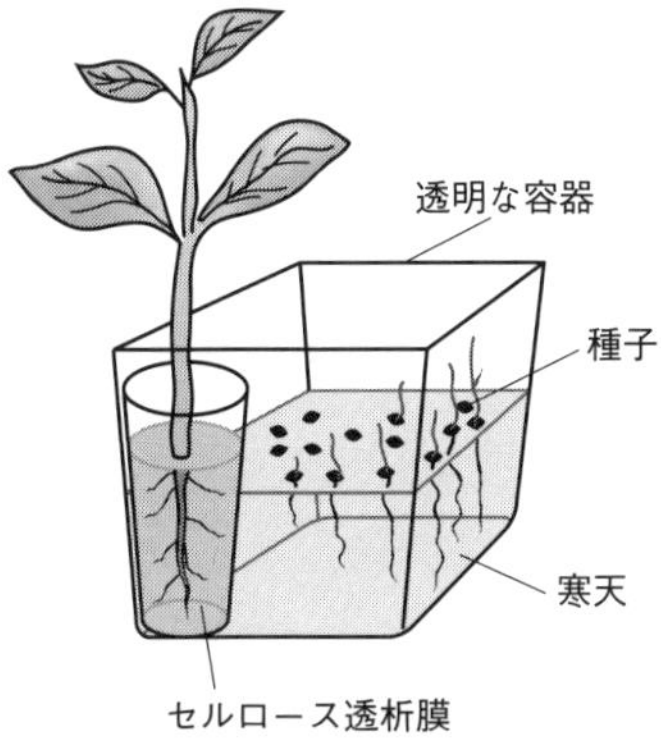

図4・3　プラントボックス法

アレロパシーの検定方法

一般にプラントボックス法が用いられている。図4・3に示すように、寒天で固めた透明容器のボックスの一角に、検定したい幼植物を寒天に植え、全体を透析膜で囲ったものをおき、そのまわりに数種類の植物の種をおいて、一定期間保ち、発芽、成長を観察する。検定植物の根から分泌された物質が寒天中を拡散して低分子化合物は透析膜を通過し、根のまわりに分泌物質の濃度勾配ができる。この状態で種子の発芽や生育状況を観察する。もし発芽阻害があれば、検定植物に近いほどその影

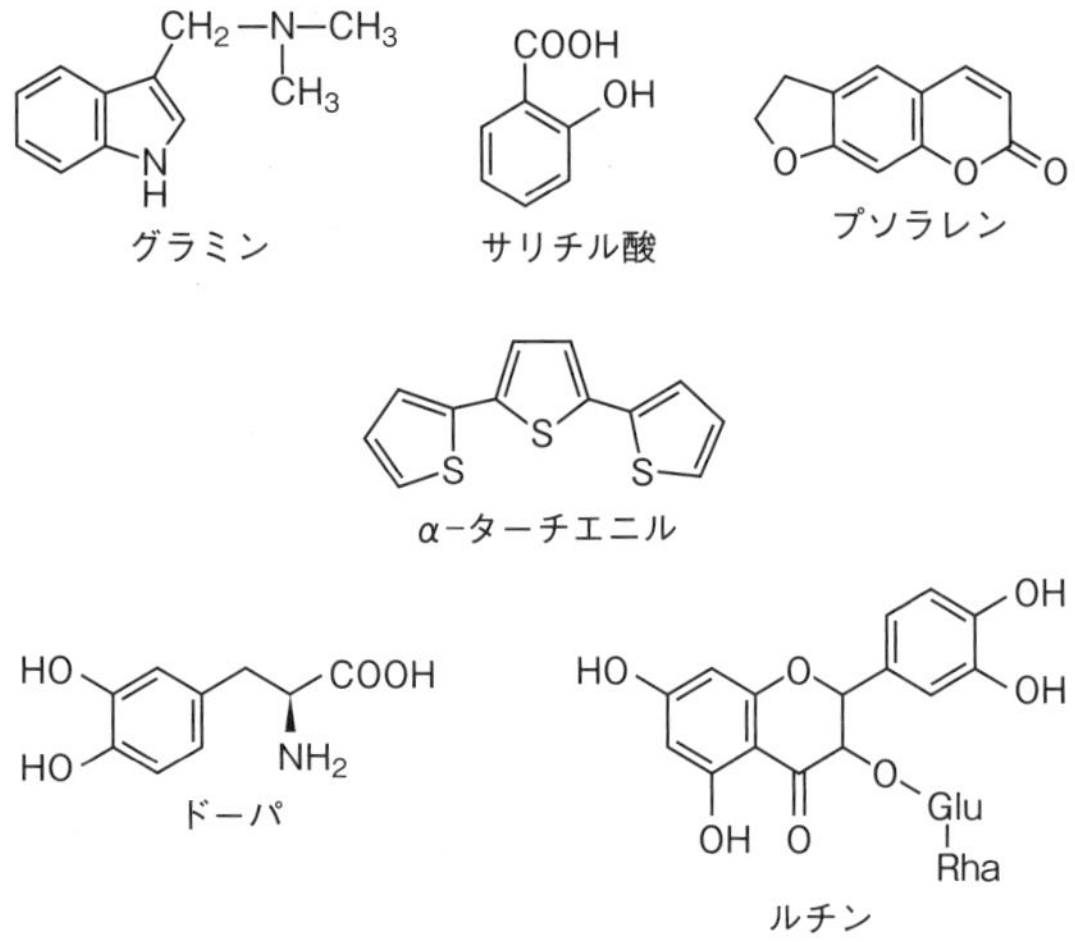

図４・４　アレロパシーをひきおこす原因物質　ルチンでは，Glu（グルコース），Rha（ラフィノース）という糖が結合している

響が強いという結果が得られる。

その原因物質

いくつかのアレロパシーをひきおこす物質を図４・４に示す。オオムギのグラミンは雑草の生育抑制に、スイカのサリチル酸やイチジクのプソラレンは連作障害の原因物質とされている。また、マリーゴールドでは硫黄原子（S）を含むα-ターチエニルが同様の作用をもつ。マメ科植物のムクナは圃場において雑草の生育を抑制することが知られていたが、その原因物質はドーパであることがわかった。ドーパは動物の神経伝達物質（第５章）であるドーパミンやアドレナリンの前駆体としてよく知られている化合物であり、植物においてアレロパシーをひきおこすことは興味深い。ソバは雑草との競合に強いことが知られていた

が、これはルチンによることが明らかにされている。

寄生植物の発芽を促進する物質

紫色の鮮やかな花を咲かせるストライガ（図4・5上）は、ソルガム、トウモロコシなどの主要なイネ科作物に寄生し、アフリカや南アジアの熱帯から亜熱帯の半乾燥地域で甚大な被害をもたらし、食料供給に深刻な影響を与えている。そのため、「魔女の雑草」の異名をとる。一方、オロバンキ（図4・5下）はマメ科、ナス科、キク科の植物に寄生し、地中海沿岸から中東地域を中心に温帯から亜寒帯域で大きな被害をもたらしている。これら寄生植物の種子は近くに寄主植物（寄生される側）が現れると発芽して根を伸ばし、寄主の中に入り込んで養分を得る。一個体は十万粒以上の種子をつくり、その種子は土壌中で数十年も発芽能力を失わずにいる。

ストライガやオロバンキは寄主植物の根から分泌される物質によって発芽することが明らかとなり、この発芽誘導物質の探索がおこなわれた。一九六六年、米国のC・E・クックらは、ワタはこれら二種の寄生植物の寄主ではないが、ワタの根から浸みだした液がストライガの種子の発芽を促進することを見いだし、この物質を精製し、ストリゴールと名づけた（図4・6）。その後、ストライガやオロバンキの寄主植物からもストリゴールと類似の化学構造をもつ化合物が単離され、構造が決定された。これらはストリゴラクトンと総称されている。ストリゴラクトンは、炭素十四個からなるラクトンを含む三環性の骨格（左側部分）と炭素五個の五員環ラクトン（右側部分）がエーテル結合で結びついた構造をしている。

図4・5　ソルガムの根に寄生するストライガ（上）およびヒマワリの根に寄生するオロバンキ（下）　オロバンキは葉緑体をもたないので茶色いのに対して，ストライガは葉緑体をもち，紫色の花をつける．杉本幸裕氏提供

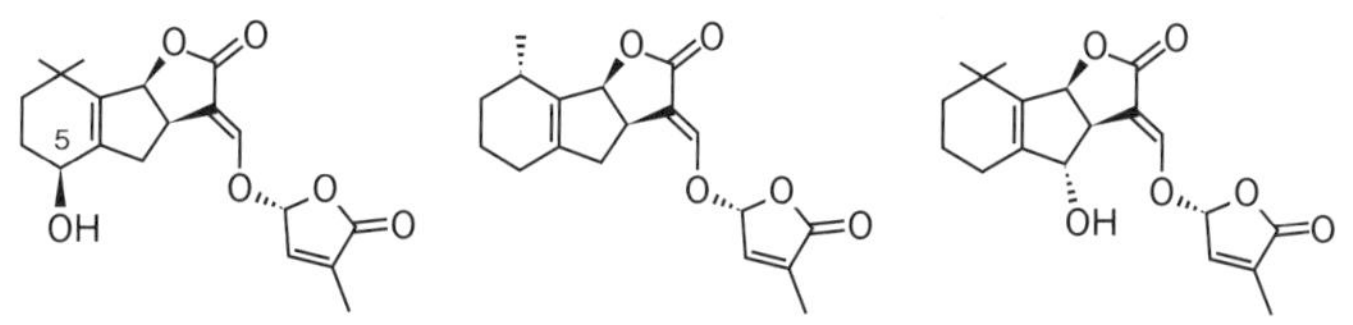

図4・6 ストリゴラクトンの構造 5-デオキシストリゴールはストリゴールから5位の◀OH基をとり除いたもの

さきにも述べたように、ストライガやオロバンキによる被害は深刻であり、食料生産に大きな打撃となっている。そのため、寄生植物の防除が重要な課題で、寄主植物が存在しない土壌にストリゴラクトンをまいて、ストライガやオロバンキの種子を発芽させ、寄生できずにそのまま枯死させることを期待して試験がおこなわれている。

ストリゴラクトンの謎

ここまでの話には大きな謎が残っている。なぜ寄主植物はわざわざ自分を不利にしてまで、寄生植物の有利になることをしているのだろうか。つまり、寄生植物の発芽を誘導するためだけに、寄主植物がストリゴラクトンを放出しているとは思えないのである。何かほかの理由があるのではないか。その謎を解く鍵はまったく別のところにあった。

多くの植物は根に入り込んだ菌類と共生関係を築いている。このような根を菌根といい、菌根をつくる菌類を菌根菌という。あるタイプの菌根菌は菌糸が大きく枝分かれして根の内部にまで入り込むと、土壌中に菌糸をめぐらしてリン酸を吸収し、植物に栄養分を供給する。一方、植物からは光合成によりつくられた糖などを受けとる。このような「共生」関係を促進させるために、植物は菌根菌をよび寄せる物質を分泌していることが明らかとなった。この物質は5-デオキシストリゴールとよばれ、図4・6のストリゴールからヒドロキシ基（—OH）がとり除かれた構造をしている。のちに大部分の植物は菌根菌との共生のために根からストリゴラクトンを分泌していることが判明した。

ここでやっと大きな謎が解けた。図4・7に示すように、ストリゴラクトンは植物が自分の居場所を伝えて、自分に有益となる菌根菌と共生関係を築くための役割を担っていたのであった。一方で、ストライガやオロバンキはこの性質を巧妙に利用して、他の植物に寄生することで生存を維持する戦略をとっていたのだ。

新たな疑問とその正体

これまでは、ストリゴラクトンがアレロパシーを担う物質であることをみてきた。しかし、新たな謎が残されていた。

アブラナ科の一年草であるシロイヌナズナは菌根菌との共生関係をもたないにもかかわらず、ストリゴラクトンをつくっていることが明らかとなった。なぜ、共生関係のないシロイヌナズナがつくるのかという疑問が新たに生じた。

イネやシロイヌナズナでは、以前から枝分かれが過剰になる変異体が複数知られており、その原因が探られていた。これらの変異体ではある特定の酵素が欠けているため、枝分かれを調節する未知のホルモンの生合成が阻害されていると考えられた。さらに、この酵素の役割から、未知のホルモンはカロテノイドが開裂した物質に由来すると推定された。カロテノイドは炭素四十個からなる鎖状化合

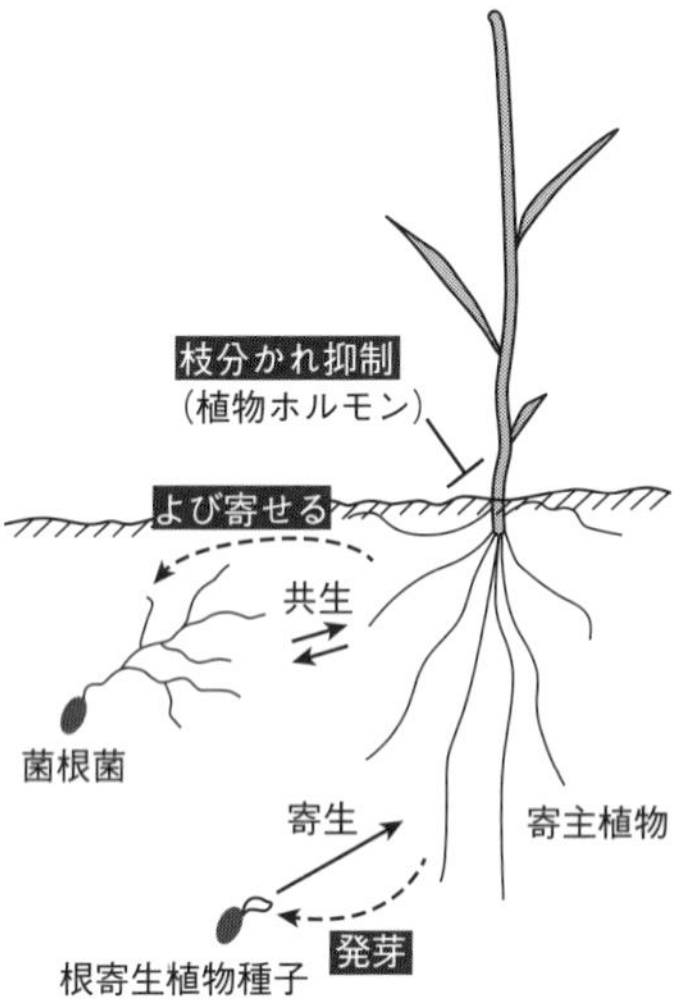

図4・7　ストリゴラクトンの役割
←---はストリゴラクトンの流れ

物で、炭素五個のイソプレンが八個つながったイソプレノイド化合物（第1章および第10章参照）である。このような知見から、ストリゴラクトンが未知のホルモンの有力な候補となっていた。さらに詳しく解析した結果、二〇〇八年にこれらの変異体ではストリゴラクトンの量が大きく低下しており、実際にストリゴラクトンを投与すると枝分かれが抑制されることが確認された（図4・7）。

こうして、その化合物としての発見から四〇年以上の年月をかさねて、ストリゴラクトンは枝分れを抑制するはたらきをもった、自分自身に対して作用する「植物ホルモン」であると認められるにいたった。

第5章　はじめて結晶化されたホルモンをめぐって

世界ではじめてホルモンを純粋に結晶化するという栄誉に輝いたのは、日本人研究者であった。この成果に勢いをえて、世界中でホルモンに関する研究がなだれこむように開始された。その一方で、この快挙の裏には研究成果をめぐる熾烈な攻防も見え隠れする。

アドレナリンの結晶化をめぐる争い

さまざまな臓器や血液にどのような化合物が含まれているかを調べはじめたのは、一九世紀半ばになってからである。最初に副腎の成分の解明にのりだした人物は、フランスのE・F・A・ブルピアンであった。一八五六年に副腎組織の磨砕液に特異な物質が存在し、塩化第二鉄と反応して緑色を呈する（ブルピアン反応）ことを報告した。この反応によって、この物質がフェノール性化合物であることが確認できた。その後、しばらくはみるべき成果はなかったが、一八九四年になってロンドン大学のG・オリバーとE・A・シェーファーはウシ、ブタ、ヒツジの副腎に血圧上昇、強心、止血の作用をもつ物質（ホルモン）が存在することを明らかにし、一躍脚光をあびた。しかし、不純物を含んだ副腎エキスは腐敗しやすく、安定した効果が得られないなどのため、そのままでは人には投与できず、ホルモンの純化が重要な課題となった。そのころ、欧米では二〇名以上の一流の研究者がホルモンの純化にしのぎを削っていた。なかでも英国、ドイツ、米国が抜きんでており、シェーファー研究室のB・ムーア、ストラスブルグ大学のO・フュルト、ジョンス・ホプキンス大学のJ・J・エイベルが先陣を争った。ムーアはこの研究で六編の報告をしたが、とうとう最後までホルモンを純粋にとりだすことはできなかった。一方、フュルトとエイベルはホルモンの精製を進め、分子式を提出したが、化合物の純度に関して決定的な確証を示すことができなかった。

栄光はわが国の研究者たちに

当時、米国の大手の製薬会社であるパーク・デイビス社（現ファイザー株式会社）は消化を助ける薬「タカジアスターゼ」の製造とその販売をくわだて、コンサルタントエンジニアとして契約していた高峰譲吉に、このホルモンの純化を依頼した（このあたりの経緯については、あとでふれる）。この時期、彼はニューヨークの個人住宅の地下に小さな研究室を構えていた。これまで携わっていた研究とかなり異なるために、助手の上中《うえなか》啓三が参加するまでの約二年間はほとんど成果がなかった。その後、上中と共同してウシの副腎エキスからホルモンの純化にあたったところ、わずか半年たらずで結晶化に成功した。電光石火の早業のように思えるかもしれないが、実のところ少し裏話があって、昼夜を問わない実験であったにもかかわらず、あまり良い結果は得られなかったようである。しかし、記念すべき瞬間は突然やってくる。一九〇〇年七月のことであった。上中がたまたま試験管を洗わずに放置して帰り、翌朝に実験をはじめようとして試験管を洗おうとすると、何か沈殿しているものがあることに気がつく。さっそく、その沈殿物を調べてみるとブルピアン反応を示し、待ち望んでいた結晶であることがわかった。このように、ちょっとした偶然も手伝って、世界ではじめてのホルモンの純粋な結晶化が現実のものとなり、科学史上きわめて価値ある成果がもたらされた。この結晶はただちにパーク・デイビス社へ送られ、薬理活性をもつことが確認された。高峰はこのホルモンが副腎（adrenal gland）に由来することから、アドレナリン（adrenalin）と名づけた。その後、一九〇四年にドイツの研究者によって化学構造が解明された（図5・1）。確かにフェノール性化合物であった。

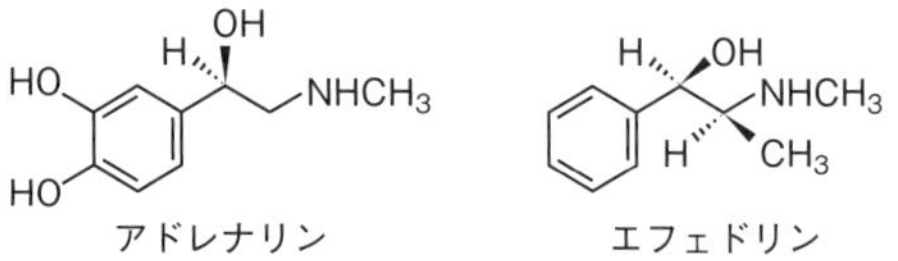

図5・1　アドレナリンおよびエフェドリンの構造

上中は東京帝国大学医学部薬学科において長井長義教授の実験指導を受けた。長井は薬用植物である麻黄から抗ぜんそく薬エフェドリンをとりだしたことで有名である（図5・1）。エフェドリンとアドレナリンの化学構造は類似しており、長井の研究室でのさまざまな経験が上中にとって大いに役立ったと思われる。現在でも、上中の結晶化について記録した詳細な実験ノートが残されている（図5・2）。このノートは縦書きで記され、一九〇〇年七月二十日ではじまっている。写真は九月十九日に三回目の精製をおこなったさいの日誌で、そのときに得られたさまざまな結晶のかたちが描かれている。最後の日付は十一月十五日となっているが、そのあいだ上中は長井研究室で身につけた方法によって、ライバルたちの追随を許すことなく、鮮やかに結晶化を進めていった。なぜ、高峰と上中が当代一流の研究者を追い越せたのか、その要因を探る

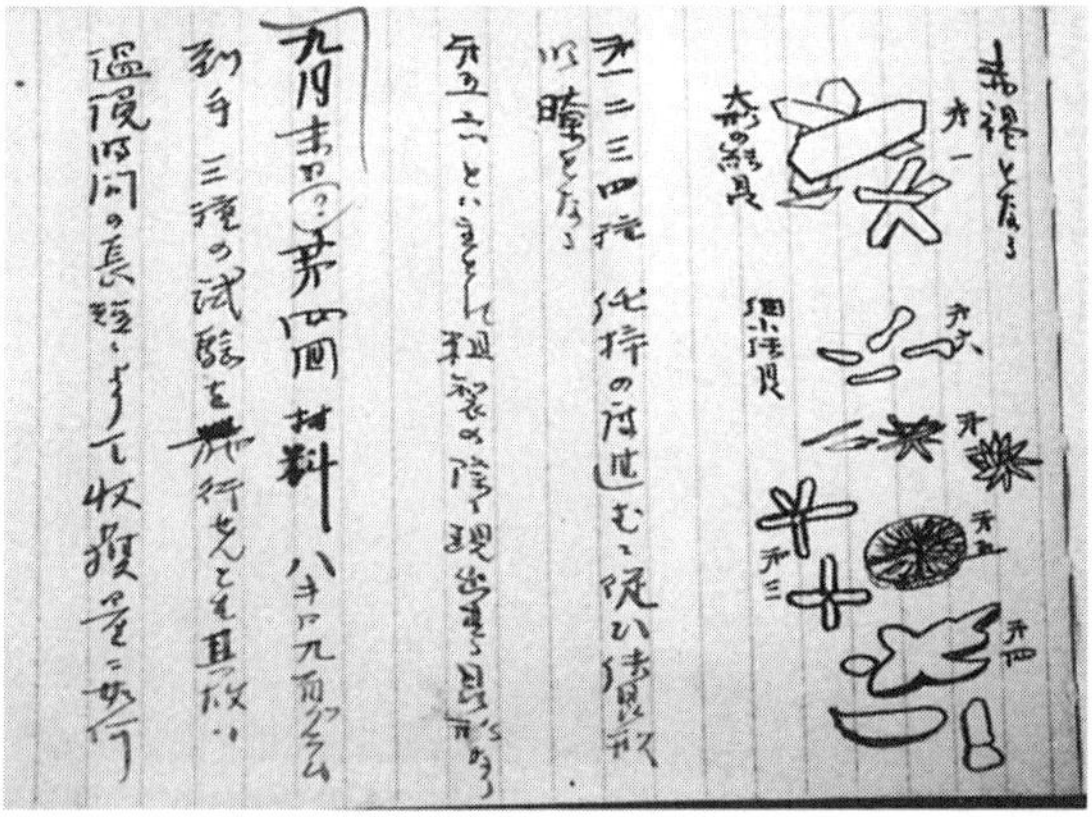

図5・2 「アドレナリン実験ノート」 6種類の結晶が描かれており，「第一二三四種純粋の度進むニ従ひ結晶形明瞭となる　第五六とハ粗製の際ニ現出する晶形なり」と記されている．所蔵元 浄土真宗教行寺の許可を得て掲載

と、当時は上中のような化学の素養をもった研究者は少なく、ホルモンの精製に携わった一流の研究者たちのほとんどが医者であったことによると思われる。

アドレナリンか、エピネフリンか

さきに登場したエイベルは、高峰らとは別の方法でホルモンとみられる化合物を結晶化し、これがホルモン本体であると主張し、エピネフリン（epinephrine）と名づけた。しかし、他の研究者がエイベルの方法を追試しても再現できず、またエイベルが得た精製物には活性がないことが判明したため、特にヨーロッパでは高峰と上中の結果が正しいと評価された。にもかかわらず、エイベルは自説をまげなかった。米国ではこの名称が今日にいたるまで使われている。『日本薬局方』にも長いあいだ、エピネフリンの名称で記載されていたが、二〇〇六年にアドレナリンの名称に変更された。史実にもとづけば、これら二つの化合物は明らかに異なっているにもかかわらず、名前だけがエピネフリンにすり替えられていたことになる。この背景には、エイベルの主張以外にパーク・デイビス社がアドレナリンの商標権を守るためにエピネフリンの名前を使用するように申し入れたためともいわれている。なお、ヨーロッパでは最初からアドレナリンとよばれていた。

図５・３　高峰譲吉博士　高岡市立博物館提供

高峰譲吉という人

アドレナリンをはじめて結晶化した高峰譲吉（図５・３）は、一八五四年（嘉永七年）に母方の実家がある高岡（現富山県）で生まれた。父はオランダ医学を学んで加賀藩の御殿医を務めた。さらに化学にも通じ、火薬の原料である硝石の製造法を考案するほどのアイデアマンでもあった。高峰はそのような父の血をひき継いだようだ。幼いころからエリート教育を受け、十二歳のときに加賀藩から選ばれて英語を学ぶため長崎に留学した。その後、京都、大阪などで医学を学んだが、同時に化学に興味を抱くようになり、一八七二年に上京して工部省工学寮（のちに工部大学校と改称、現東京大学工学部）の学生となった。応用化学科を卒業したのち、一八八〇年に英国留学を命ぜられた。当時、英国は化学工業が発達しており、グラスゴー、ロンドン、マンチェスターなどに滞在して先進的な技術を学んで帰国した。高峰は「英国で修得した技術により日本固有の工業を興したい」という志をいだき、農商務省工務局に勤めることになる。このころ清酒醸造や人造肥料に興味をもち、一八八四年にニューオーリンズで開催された万国博覧会に出席した。帰国後、渋沢栄一の資金援助を受けて東京人造肥料会社を設立し、リン肥料の製造をはじめた。日本で最初の人造肥料会社である。現在、東京都江東区深川の工場跡地には記念碑が建てられている（図5・4）。

図5・4　肥料工場の跡地に建てられた碑　「尊農」のタイトルのもとに肥料工場設立の経緯と意義が記されている．著者撮影

一八九〇年に農商務省を辞して渡米し、シカゴで米麹を用いた新しいウイスキーの製造法を考案した。その方法は成功を収め、ウイスキーを安価

で効率的に製造できるようになったことで、従来からの同業者の妬みを買い、会社が放火されるという悲運にみまわれた。その一方で、高峰にとって新たなチャンスが訪れていた。ウイスキー製造の過程で米麹に用いる糸状菌を選抜し、デンプンを強力に分解する酵素である「タカジアスターゼ」をデンプンの消化を助ける薬として利用することを思いついた。おそらく高峰が手術をする大病をわずらい、半年ほどの療養生活を余儀なくされた経験が医薬への道に向かわせたようだ。ウイスキー製造会社はまもなく解散となったが、この胃腸薬はパーク・デイビス社から全世界に販売され、爆発的にヒットした。日本での販売権を塩原又策にあたえ、のちに高峰自身も参加して三共商店を設立した。これが、三共製薬(株)(現第一三共(株))のはじまりである。

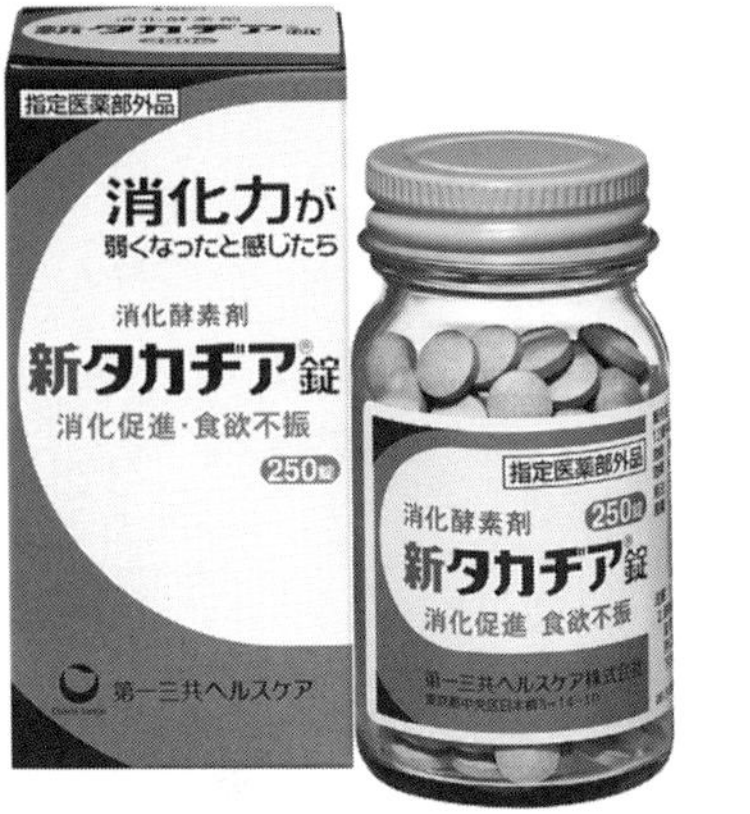

図5・5　「タカジアスターゼ」は現在でも商品として販売されている． 第一三共ヘルスケア(株) 提供

のちに、研究の場をシカゴからニューヨークに移し、前述のアドレナリンの結晶化にいたる。「タカジアスターゼ」の縁によって、この成功がもたらされたといえよう。タカジアスターゼとアドレナリンは現在でも商品として販売されており(図5・5)、百年以上もずっと使われている医薬品はアスピリンを含めて、これら三つだけであり、高峰の偉大な功績を物語っている。

その多様な作用

アドレナリンは血圧上昇、強心、止血などの作用をもつことが予想されていたが、結晶化の実現により、臨床現場でさまざまな疾患への効果が検証された。その結果、アドレナリンがきわめて有効な薬剤となることが示され、高峰は一躍世界的に有名になった。現在でも手術用の止血薬、ぜんそくの発作を抑える気管支拡張薬、ハチ毒や食物などのアレルギーによるショック症状を防ぐための補助治療剤（自己注射薬）などとして利用されている。

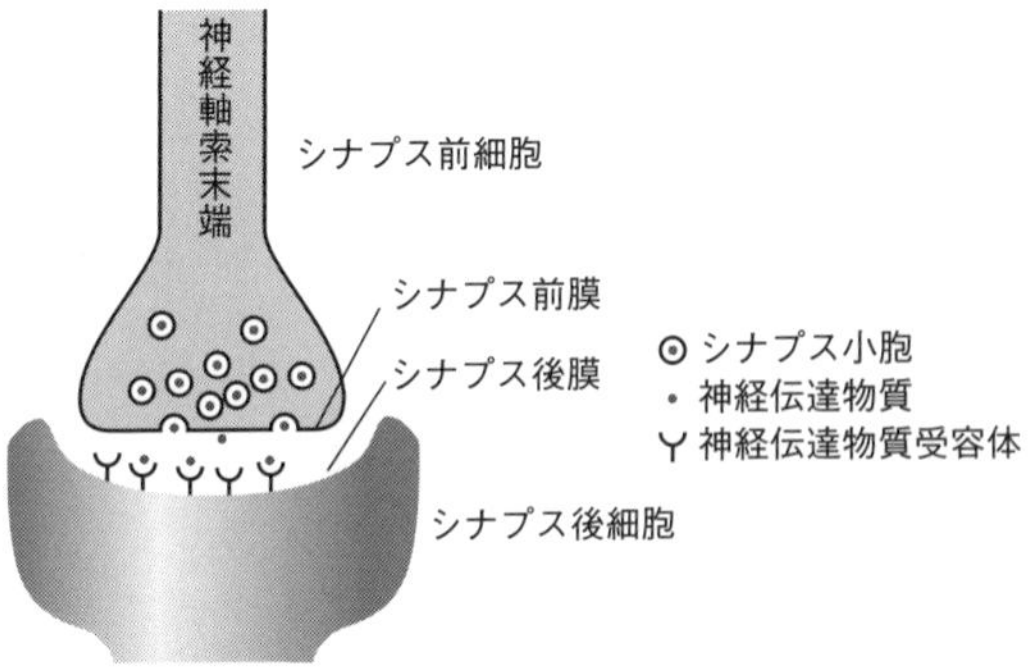

図5・6　神経伝達物質による神経情報伝達のしくみ

アドレナリンはホルモンとして作用する以外に、神経伝達物質の役割をもつことがわかっている。神経細胞どうしはシナプスというかたちをとって情報のやりとりをしている（図5・6）。ある神経細胞の末端（シナプス前膜）と別の神経細胞の先端（シナプス後膜）には、ほんのわずかなすき間があり、この構造をシナプスという。感覚器官などで受けとった情報は電気信号となって神経細胞中を伝わり、この刺激に応じてシナプス前膜からアドレナリンが分泌され、シナプス後細胞の細胞膜に存在する受容体と結合することでシナプス後細胞に情報が伝えられる。このように、アドレナリンは神経

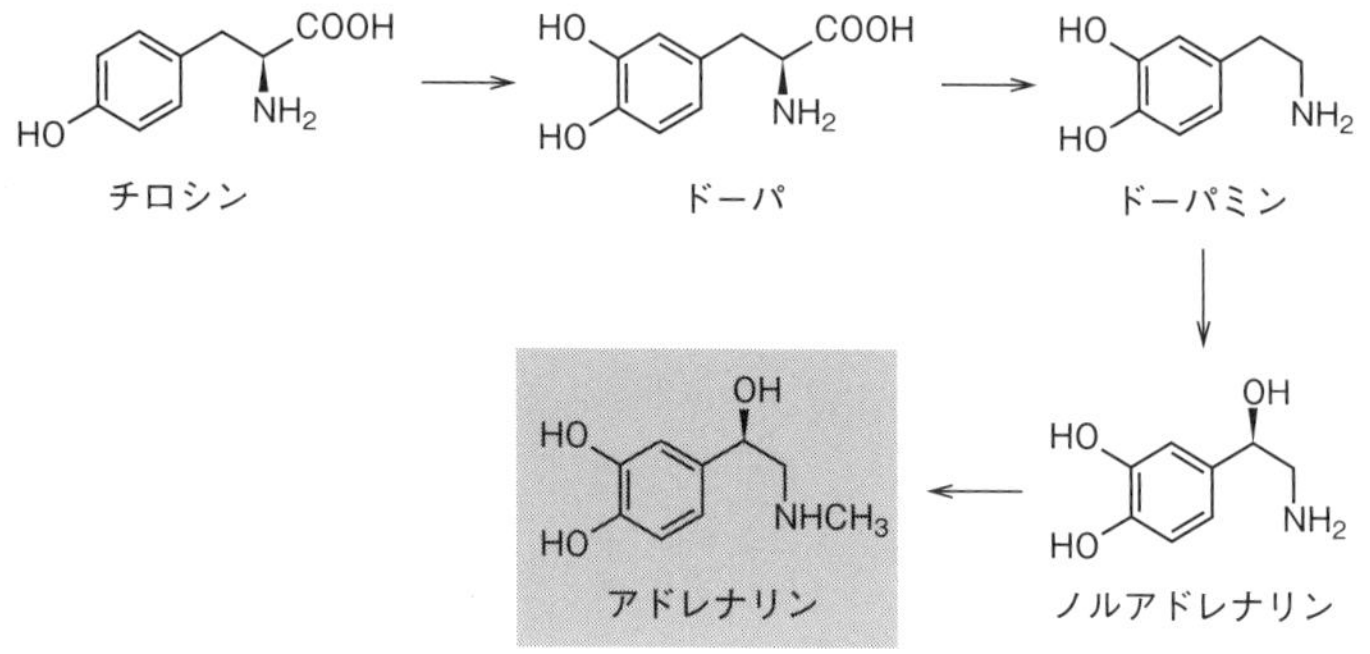

図５・７　アドレナリンの生合成経路

情報伝達における化学物質としてきわめて重要なはたらきをしている。

アドレナリンはチロシンというアミノ酸から、ドーパ、ドーパミン、ノルアドレナリンをへて生合成される（図５・７）。チロシンはフェニルアラニンからつくられるが、ヒトはフェニルアラニンを生合成できないので、食べ物からとりいれる必要がある。このようなヒトが合成できないアミノ酸は全部で八種類あり、必須アミノ酸とよばれている。ドーパミンおよびノルアドレナリンも同様に神経伝達物質としてはたらくことがわかっている。そのほかに神経伝達物質としてアセチルコリン、グルタミン酸、セロトニン、γ-アミノ酪酸などの低分子有機化合物（図５・８）やペプチド類など合計四十種類ほどが知られている。

その後のホルモン探索研究

アドレナリンというホルモンがはじめて単離され、構造が明らかにされると、化学合成がなされ、実際に医療現場で使われるようになり、研究の有用性が示された。この研究がきっかけとなり、一九〇〇年代前半にはさまざまなホルモンがとりだされた。たとえば、十二指腸から炭酸水素塩の分泌を促すセクレチンが、膵臓から血糖を調節するインスリンやグルカゴンが、甲状腺から基礎代謝を上昇させる甲状腺ホルモンがつぎつぎに発見された。また、脊椎動物だけでなく、無脊椎動物である昆虫の脱皮や変態にかかわるホルモンの存在が明らかにされた（第8章参照）。

現在、脊椎動物では多種多様なホルモンが知られており、それらの作用が明らかになっている。この本では脊椎動物のホルモンについてさらに具体的にふれることはしないが、近年話題となっている食欲を調節するホルモンについてのみ、第7章で詳しくとりあげる。一方、無脊椎動物においても昆虫の休眠ホルモン（第3章）、バッタが長距離飛翔するのに必要なエネルギー獲得にかかわるホルモン、メスのガの性フェロモン（第9章）の生産を制御するホルモン、昆虫や甲殻類の体色変化、甲殻類の性転換や血糖上昇、脱皮抑制にかかわるホルモンをはじめとして、さまざまなものが見つかっている。

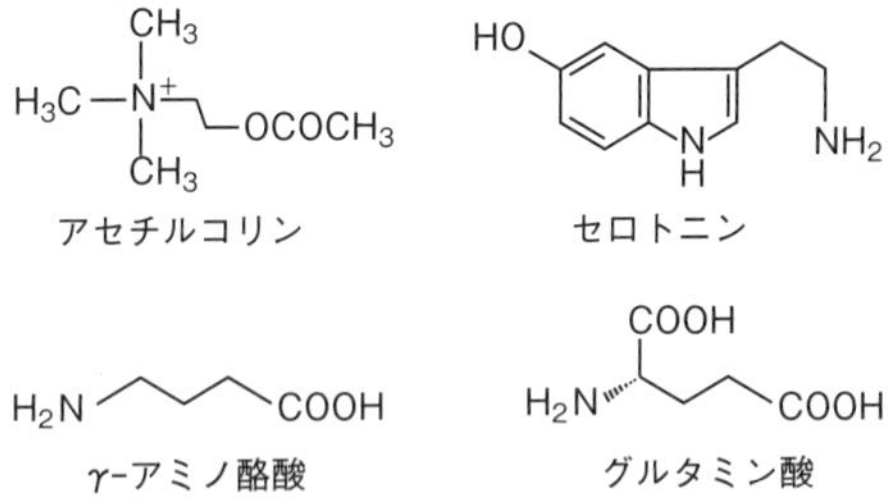

図5・8　その他の神経伝達物質

第6章　最初のビタミンは病気から

ビタミンという物質が登場するまでは、ヒトに必要な栄養素はタンパク質、糖質、脂質、無機質（ミネラル）の四つであると考えられてきた。ビタミンは自分でつくりだすことはできず食物からとりいれる必要があるが、ごくわずかの量で十分である。ビタミンの発見は多くの命を奪ったある病気の原因究明がきっかけとなるが、その発見にいたるまでには当時の常識をくつがえすような大きな発想の転換が必要でもあった。

脚気という病

脚気（かっけ）という病はまず向こうずねがむくみ、そのうち脚の動きが悪くなり、動悸や息切れをおぼえ、重篤になると死にいたる。脚気という病名は「病は脚からおこる」に由来し、中国の晋の時代（西暦二六五～四二〇年）にさかのぼる。日本では奈良時代以前からみられ、平安時代には『枕草子』や『源氏物語』などにも、この病にあたると思われるアシノケやカクビャウなどの言葉が出てくる。

やまひは、むね、物のけ、あしのけ、はては、ただそこはかとなくて、物くはれぬ心ち。
『枕草子』一八一段より

春の比ほひより、例もわづらい侍る、みだりかくびやうというもの、所せくおこりわづらい侍て、はかばかしくふみたつることも侍らず、
『源氏物語』三十五帖若葉より

江戸時代には、「江戸わずらい」ともよばれ、死にいたる病として恐れられていた。特に、将軍や上級武士など高貴な身分の者によくみられ、三代将軍徳川家光、十三代将軍家定および十四代将軍家茂も脚気により命を落としたといわれている。江戸時代中期の元禄以降には、一般の武士や町人のあいだにも広がっていった。当時、江戸などの都会では白米を食べる習慣があり、その食生活を長くつづけると脚気にかかり、都会をはなれて蕎麦（そば）や麦飯などを食べる生活に戻ると快復することが経験的にわかっていた。「江戸わずらい」とよばれたゆえんである。

明治時代になっても脚気は流行し、皇女和宮や明治天皇もわずらった。なかでも都市部や陸海軍で多発し、死者は増加した。原因解明が急務であり、さまざまな説が唱えられた。

脚気の原因は病原菌か

そのなかで、とくに有力なものは伝染病説であった。十九世紀後半からドイツのR・コッホやわが国の北里柴三郎らにより伝染病の原因となる病原菌がつぎつぎに発見され、結核、破傷風、赤痢、梅毒など細菌性の感染症の原因が明らかにされた。このような状況から脚気も未知の病原菌によってお

こる伝染病ではないかと考えられていた。東京帝国大学医科大学の青山胤道やのちに陸軍軍医総監になった森林太郎（鴎外）は、この考えを強く支持していた。あとで述べるように海軍では麦飯により脚気が改善したことなどを知っていたにもかかわらず、陸軍では白米から麦飯に変更することを強く拒みつづけた。そのため、日清戦争（一八九一年）や日露戦争（一九〇四年）時には、陸軍で大量の兵士が脚気をわずらった。その後、鴎外が主導して脚気の原因を究明するための調査委員会を設立するが、彼はずっとあとにみる栄養不足説を支持することはなかった。

栄養に関する問題か

海軍軍医の高木兼寛《かねひろ》は海軍でも脚気が多発していたことから、予防法を確立するために英国のセント・トーマス病院医学校に五年間留学した。帰国後、疫学的な観点から脚気の原因究明にとりくんだ。明治時代、海軍では長期間の航海に出ると、脚気による多くの死者が発生した。一八八三年に軍艦龍驤《じょう》は二六二日間の遠洋航海から戻ったとき、乗組員三七一名中一六九名が脚気にかかり、そのうち二十五名が死亡した。軍医総監になった高木は船上における食事に問題があると考え、白米を中心とした和食からパンと肉類を中心とした洋食に切り替えたところ、つぎの航海では患者が激減した。つぎにパンの代わりに麦飯にすると、さらに良い結果がえられた。また、海軍の食事も同様にしたところ、表6・1のように脚気の罹患率は二、三年のうちに激減し、ついにゼロとなった。このことから脚気は病原菌による伝染病ではなく、栄養に関する問題であると考えられるようになった。一八八五年に高木は糖質に対してタンパク質が少ないことが脚気の原因になるという説を発表し、海外

表6・1　海軍における食事改善による脚気の減少

明治年度	脚気患者		脚気死亡		総兵員数(人)	食事改善
	総数（人）	発生率(%)	総数（人）	死亡率(%)		
15	1929	40.5	51	2.6	4769	
16	1236	23.1	49	4	5346	
17	718	12.7	8	1.1	5638	2月より洋食
18	41	0.6	0	0	6918	3月より麦飯
19	3	0	0	0	8475	
20	0	0	0	0	9106	
21	0	0	0	0	9184	
22	3	0	1	33	8954	
23	4	0	0	0	9112	
24	1	0	0	0	10,223	
25	3	0	0	0	9747	

山下政三,「鴎外 森林太郎と脚気紛争」, 日本評論社（2008）より

でも注目を浴びた。しかし、この説は医学的根拠に乏しかったために、なぜタンパク質の割合が少ないと脚気がおこるのかという問いには答えられなかった。このため、特に東京帝国大学医学部の教授陣から強く批判され、海軍軍医部以外ではほとんど支持されなかった。いまから考えれば高木の説は誤りであったが、脚気を栄養の問題と関係づけたことは、のちの原因解明に大きく貢献したといえる。

原因究明への道筋

脚気の原因究明に道筋をつけたのは、オランダ人医師C・エイクマンである。オランダ領のインドネシアでは脚気が多く発生していたため、ジャカルタにある細菌病理学研究所に派遣され、原因を探る研究をしていた。エイクマンは高木の研究成果も知っていたと思われる。一八九七年にエイクマンは白米（胚乳）をあたえたニワトリに異常歩行という脚気によく似た症状がみられ、玄米をあたえたニワトリ

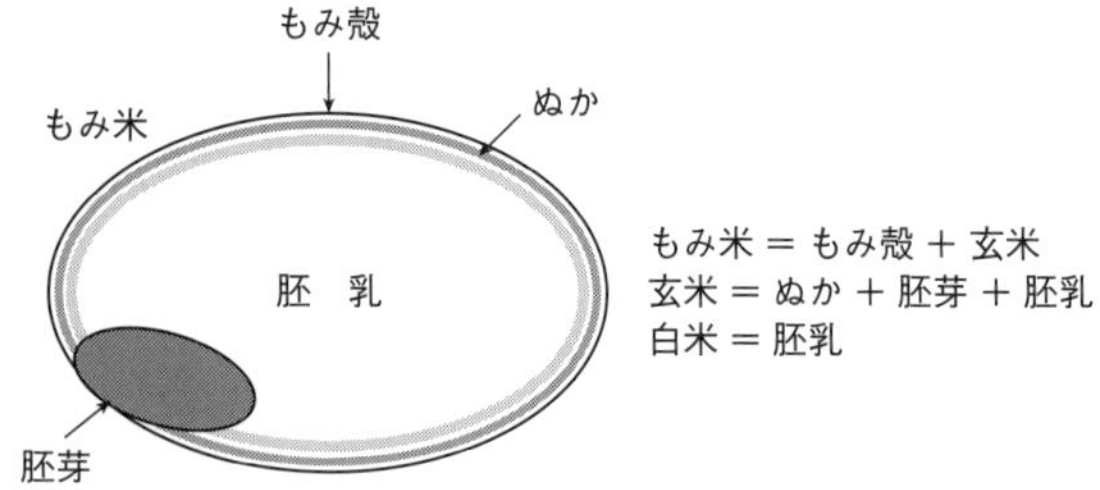

図6・1　ぬか（もみ殻と胚乳のあいだの層）　玄米はもみ（籾）米からもみ殻をとり除いたもの，また玄米からぬか（糠）と胚芽をとり除き，胚乳だけにしたものが白米である．玄米から白米にする過程を精白といい，精白が進むにつれてビタミン，ミネラル，食物繊維などが失われていく

にはその症状がみられず、さらには白米でみられた症状を治癒することに気づいた（図6・1）。彼はこの結果から、白米の中に脚気をおこす毒が存在し、玄米にはその毒を中和する物質が含まれていると考えた。この考えは誤りであったが、のちに彼とその後継者によって脚気を予防する成分の抽出が試みられ、ついに「その成分が不足すると脚気をおこす」という発想にいたる。

わが国でも研究を開始

わが国では鈴木梅太郎がこの問題にとりくんだ（図6・2）。鈴木は、一九〇三年にタンパク質化学や糖化学の権威とされていたドイツのノーベル化学賞受賞者E・フィッシャーのもとに留学した。帰国に際して、恩師からドイツで学んだことをそのまま研究するのではなく、日本独自の問題に目を向けるように助言された。一九〇六年に盛岡高等農林学校教授に任命され、日本人の体格が欧米人に比べて劣ることから栄養学の研究にとりくんだ。翌年には東京帝国大学農科大学教授に任命され、一九一七年まで盛岡高等農林学校教授を兼任した。

鈴木はコメの栄養価について研究を開始したが、彼の恩師古在由直がすでに着手していたこともあり、そのうち脚気に興味をもつようになった。まずハトを用いて、エイクマンと同様の現象を再確認した。また、ハトに白米と米ぬかを混ぜたエサをあたえると症状が現れないことも観察した。一九一〇年、彼は米ぬかに含まれる有効成分を抽出することにはじめて成功した。これにより、脚気はある物質の欠乏によっておこる病気であり、その物質が脚気の治療薬になることが実証された。鈴木は、この有効成分をイネの学名 *Oryza sativa* にちなんでオリザニンと名づけ、一九一一年に『東京化学会誌』に報告し、八月にはドイツの生化学誌にも掲載された。しかし、当時は病原菌説が大勢を占めていたので、オリザニン欠乏説はあまり注目されなかった。このような状況下で、うま味の成分であるグルタミン酸ソーダを発見した池田菊苗は、彼の成果を高く評価していた。その後、鈴木はオリザニンの結晶化を精力的に進めたが、あまり良い結果は得られず、エイクマンの後継者にさきを越されてしまう。ビタミン研究が欧米で盛んになると、その反響が日本にもおよび、日本の医学界も脚気の原因はオリザニンの欠乏によると断定するようになった。

鈴木はオリザニンが脚気の治療に効果があることから、さっそく翌年に三共合資会社（三共商店を

図6・2 鈴木梅太郎 没後50年の記念切手

改名、のちの三共株式会社、第5章参照）から薬として販売した。残念ながら、彼の研究結果に対する信用はあまりなかったため、この薬は売れなかった。このように鈴木は実用的な研究を重視しており、その後オリザニン（のちのビタミンB_1）以外にビタミンB_6やナイアシンの天然からの抽出、必須アミノ酸であるトレオニンの発見、乳児用粉ミルク、点滴薬および合成酒の開発など、大きな成果をあげている。鈴木は東京大学のほかに理化学研究所にも研究室をもち、もっとも多いときは研究室員が百名ほどに達した。異分野の研究者も歓迎し、また多くの女性研究者を育てた。

ビタミンB_1をめぐる競争

鈴木も含めて、世界中の研究者が米ぬかの有効成分の結晶化を競っていた。当時は現在のクロマトグラフィーを用いる精密な精製方法は確立されておらず、沈殿剤を加えて難溶性の塩を形成させ、結晶化することが一般的であった。ポーランド人のC・フンクは米ぬかのアルコール抽出物によってニワトリの白米病が予防できることを見いだし、その結晶化をおこない、分子式を明らかにして、一九一一年の十二月にドイツの医学誌に報告している。彼は、この化合物を「ビタミン」と名づけた。鈴木よりも、数か月遅れの報告であった。のちにこの結晶はビタミンB_1ではなく、分子式も誤っていることが明らかとなった。最終的には、一九二六年にオランダのB・C・P・ヤンセンとW・F・ドナートによってはじめてビタミンB_1が結晶化された。彼らはエイクマンと同じジャカルタの研究所に勤務していた。わが国では、鈴木グループの大嶽了らが精力的にとりくみ、一九三〇年になってようやく結晶化に成功した。当時、これらの技術は職人芸的要素が強く、わずかな条件の違いによって成否がわかれるという、科学としてまだ未成熟な分野であった。経験が重要な要素ではあったが、だからといって努力すれば必ず結晶化できるという状況でもなかった。ビタミンB_1の化学構造の決定は一九三六年に米国のR・R・ウィリアムスによってなされ（図6・3）、同時に彼によって化学合成も達成された。武田薬品工業株式会社は一九三八年から合成薬の販売を開始した。

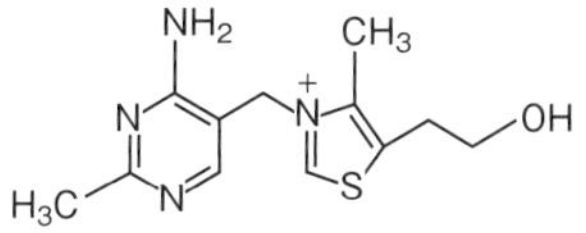

図6・3　ビタミンB_1の構造

ビタミンB_1の作用

ビタミンB_1は水溶性のチアミンとよばれる化合物であり、体内に蓄積しないため、毎日とりいれる必要があり、所要量は千キロカロリーあたり〇・五ミリグラムとされている。ビタミンB_1はいくつかの代謝にかかわる酵素（タンパク質）の補酵素としての役割をもつ。補酵素とは酵素の作用を助ける分子であり、ビタミンB_1が欠乏すると酵素がはたらかずに糖などの代謝に異常をきたす。そのため、糖をおもなエネルギー源とする脳や神経に影響がでてくる。末梢神経が冒される脚気では、全身の倦怠感や食欲不振などにはじまり、さらに進むと手足に力が入らなくなり、重篤な場合には心臓障害をおこし死にいたる。また、ビタミンB_1欠乏によって中枢神経が侵されるウェルニッケ・コルサコフ症候群では意識障害や歩行障害（小脳失調による）などがおこる。

ビタミンの発見でノーベル賞

最初のビタミンの発見に対して、一九二九年にエイクマンとF・ホプキンスにノーベル医学生理学

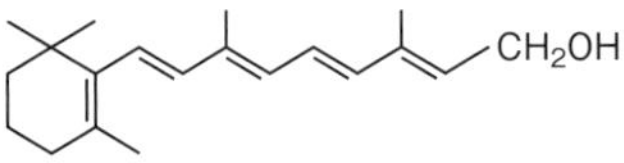

ビタミンA（レチノール）

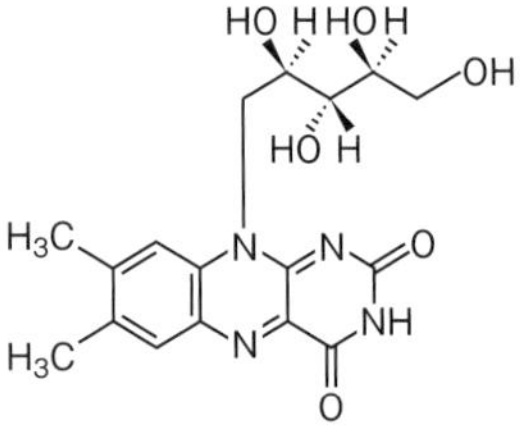

ビタミンB_2（リボフラビン）

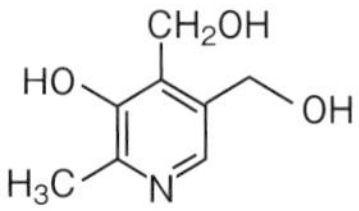

ビタミンB_6
（ピリドキシン）

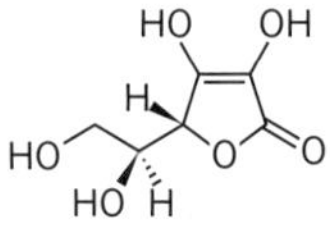

ビタミンC
（アスコルビン酸）

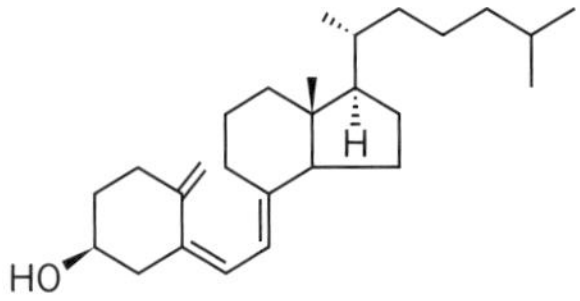

ビタミンD_3

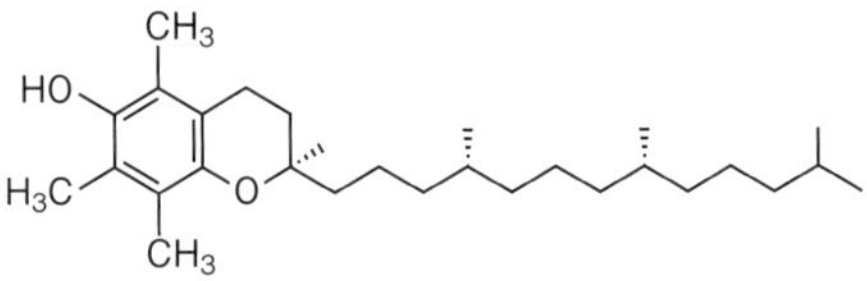

ビタミンE（α-トコフェロール）

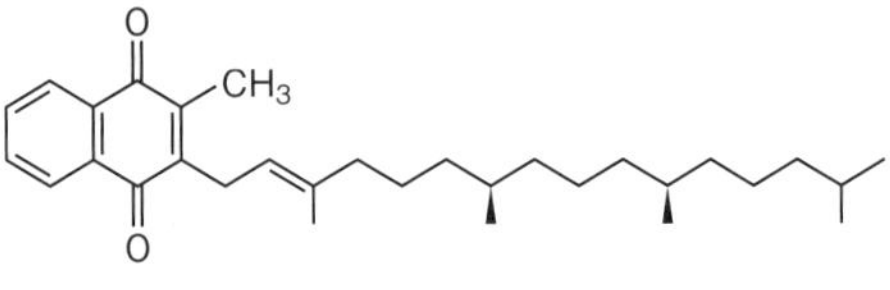

ビタミンK_1

図6・4　その他のビタミン類

賞が贈られた。エイクマンはビタミンB_1の発見の最初のきっかけをあたえたことが認められた。ホプキンスは英国の研究者で、一九〇六年に動物の正常な成育には、タンパク質、糖質、脂質、無機質（ミネラル）の四大栄養素だけでは十分ではないことを提唱し、一九一二年にはネズミを使ってそれを実証した。ホプキンスは不足すると病気になり、補うと予防や治療ができるビタミンという新しい栄養素の概念を明確にした。一九一四年には鈴木も受賞候補者にあがっていたが、鈴木もフンクも最終的には選からもれてしまった。

ビタミンB_1に関する研究の成果を受けて、他のビタミン探しが盛んになった。ビタミンB_1につづいて、ビタミンA、B_2、C、D、E、Kなどがつぎつぎに発見され（図6・4）、「ビタミン学」という新しい学問領域もできた。また、一九四三年までに新しいビタミンの発見や合成に貢献した五名の研究者がノーベル賞を受賞した。このことから、当時いかにビタミンという物質の登場が衝撃的だったかうかがえる。

現在、ヒトに必須のビタミンとして、四種類の脂溶性ビタミンと九種類の水溶性ビタミンが認められている。前者にはビタミンA、D、E、Kが含まれ、後者にはビタミンB群（B_1、B_2、B_6、B_{12}、ナイアシン（B_3）、葉酸（B_9）、パントテン酸（B_5）、ビオチン（B_7））とビタミンCがある。

第7章　食欲を調節するホルモン

食べることは、生きること。食べるという行動は、食欲によって支配されている。食欲がなくなり食べ物をとらないとやせ衰え、食欲がありすぎて食べすぎると肥満になる。このような食欲がうまく調節できなければ、健全な生活をおくることはできない。では、どのような「戦略」によって食欲は調節されているのだろうか。

食欲は脳で調節される

お腹がすくと食べ物を口に入れ、お腹がいっぱいになると食べたくなくなる。このような摂食行動はすべての動物においてみられる。それでは、食欲はどこで調節されているのだろうか。満腹になれば胃が拡張し、空腹になれば胃が縮まるから、その中枢は胃にあると思われるかもしれない。しかし、そうではなくて中枢は脳にあり、このことはすでに一九四〇年代には実験的に明らかとなっている。視床下部は脳のもっとも奥にあり、そこでつくられたいくつかのホルモンはその下にある脳下垂体にはたらいてホルモンの合成を制御する重要な役割をもつ。ラットの視床下部の腹内側核（核は神経線維が集まった部分）を破壊すると食欲が増大し、外側野という部分を破壊すると逆に食欲が減少

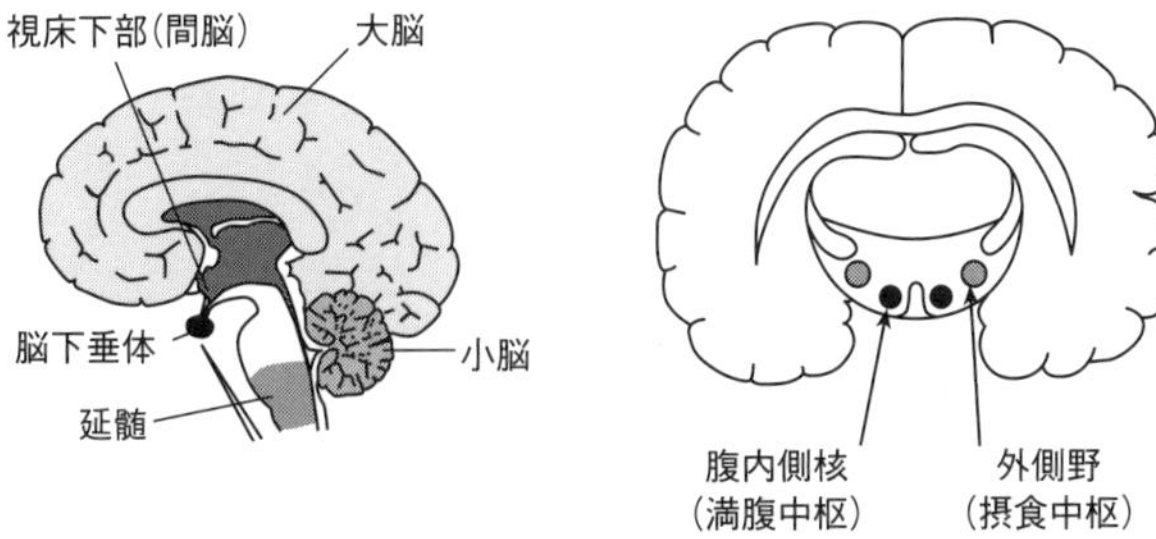

図7・1　ヒトの脳の概略図および視床下部の摂食中枢と満腹中枢　右図は左図の視床下部を含む縦断面

することが見いだされた。この結果から、視床下部において食欲の調節がおこなわれ、腹内核側には満腹中枢が、外側野には摂食中枢（空腹中枢）が存在することがわかった（図7・1）。

それから半世紀あまりのちに、ここに描かれた地図を塗りかえる新たな発見がもたらされる。現在では、視床下部のほかの部位などにも中枢が存在し、複数のペプチドホルモンが作用して食欲が調節されることがわかってきている。

肥満ラットが発見のきっかけ

ここでは、この新たな発見のきっかけとなった成果について少しふれておく。以前から肥満の原因に関する研究が盛んにおこなわれていた。食べすぎると余分な脂肪が脂肪細胞（正確には白色脂肪細胞）に貯蔵される。この細胞は脂肪がたまるとどんどん膨らみ、それが限界にくると分裂して数を増やす。これを何度もくり返すことで、肥満が進行する。

一九五〇年代後半、英国のG・R・ハーヴィは満腹中枢を破壊して肥満になったラットと正常なラットの腹部を切開し、互いに皮膚と血管を縫い合わせて結合させた（併体結合という、

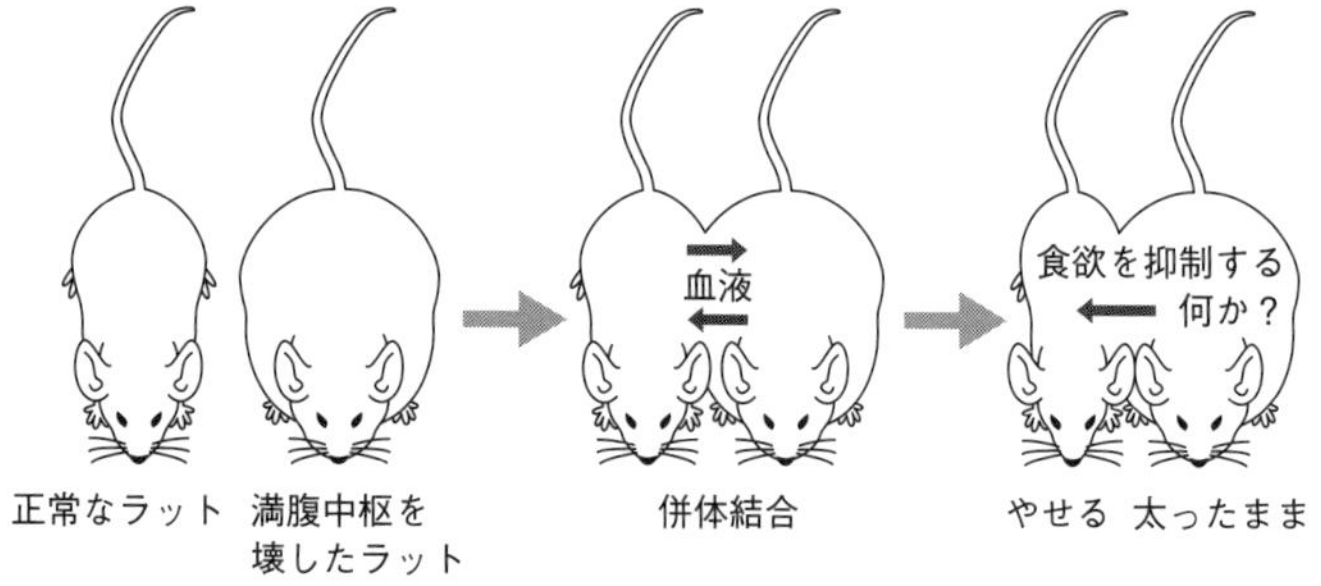

図７・２　併体結合　正常なラットと満腹中枢を壊したラットを併体結合すると，前者はやせていき，後者は太ったまま

図７・２）。この処置によって、二匹のラットの血液は相手の体内にも流れこむようになる。すると、肥満ラットは肥満のままだったが、正常なラットは食欲が抑制され、やせてしまった。この結果から、肥満ラットから食欲を抑える物質が放出され、血液を介して正常ラットに流れこみ、食欲が抑制されたためにやせたのだと考えられた（図７・２）。それに対して、肥満ラットはこの食欲を抑制する物質に反応できなくなったために肥満になった。

一方、一九六〇年代後半に米国のＤ・コールマンによって遺伝的に肥満になる突然変異マウスが発見された。ふつうに飼育すると正常のマウスの体重の三倍にもなった。この肥満は一つの遺伝子の変異でおこることが示され、肥満遺伝子（*ob* 遺伝子：*ob* は obase（肥満の）に由来）と名づけられた。肥満遺伝子は遺伝的に劣性で、父親と母親から受け継いだ二つの遺伝子のうち片方が正常であれば肥満にならず、両方が異常のときだけ肥満になる。一九六九年、コールマンはマウスによる併体結合の実験結果から、肥満マウスの血液中には正常マウスの食欲を抑えて、餓死させる物質があることを報

```
1                                                      50
VPIQKVQDDT KTLIKTIVTR INDISHTQSV SSKQKVTGLD FIPGLHPILT
                                                      100
LSKMDQTLAV YQQILTSMPS RNVIQISNDL ENLRDLLHVL AFSKSCHLPW
                                                   |146
ASGLETLDSL GGVLEASGYS TEVVALSRLQ GSLQDMLWQL DLSPGC
```

図7・3　ヒトレプチンの構造

告した。これは、さきに述べたハーヴィのラットを用いた実験と同様の結果を示している。

食欲を抑えるホルモン――レプチンの発見

このような背景のもと、食欲を抑える物質の探索は多くの研究者のあいだで熾烈をきわめた。一九七七年のノーベル医学生理学賞受賞者であるR・S・ヤローは遺伝的肥満マウスにはコレシストキニンという生理活性ペプチドが少ないことからこれが肥満の原因との考えを提出したが、のちに誤っていることがわかった。また、米国のR・レイベルは肥満はグリセロールの代謝と関係があると考えたが、これも否定された。そして、ついに食欲を抑える物質の発見が一九九四年に、レイベルの共同研究者であり、のちにたもとを分かった米国のJ・M・フリードマンのグループによってなされた。フリードマンらは肥満マウスのある遺伝子に異常があることを突きとめた。この異常な遺伝子は白色脂肪細胞で多く発現していた。そして、この遺伝子の異常により、肥満を抑える正常な物質を生産できなくなっていたことを明らかにした。この物質は一四六個のアミノ酸からなるペプチドホルモンであり（図7・3）、ギリシャ語の「やせる」という意味の言葉からレプチンと名づけられた。これまで脂肪細胞の役割は脂肪の貯蔵にあると考えられていたが、そのほかにもホルモンを生産して分泌することが発見され、研究者たちに大きな衝撃をあたえた。

食欲を促進するホルモン——グレリンの発見

一方、食欲を促進する物質はまったく別の研究から見いだされた。ホルモンなどを介する情報の伝達は、標的細胞の表面にある受容体というタンパク質にホルモンが特異的に結合することで開始される。従来の研究では、はじめにホルモンを見つけだし、それから受容体を探索する方法がとられていた。しかし、最近のゲノム解析の進展により、遺伝子配列から受容体の局在する場所や作用するホルモンの種類などが推定できるようになった。その結果、ホルモンを見つけるまえに、遺伝子配列の情報から受容体と思われる分子を探しだすことが可能となった。このように、結合する相手が不明の受容体をオーファン（孤児）受容体とよんでいる（図7・4）。このオーファン受容体を手がかりに、従来とは逆のかたちで、ホルモンなどの新しい物質を発見することが可能となった。

図7・4　オーファン（孤児）受容体　結合する相手が不明の受容体をオーファン受容体という．この受容体に結合する未知の物質を探求する

意外にも、食欲を促進するホルモンはこの新しい方法を用いた成長ホルモン分泌促進因子（GSH）探索の産物として見いだされた。脳下垂体からの成長ホルモンの分泌は、視床下部における成長ホルモン放出ホルモン（GHRH）により促進される。一方、それとは異なる物質が関与することも知られていたが、その正体

```
    O-CO-C7H15
    |
Gly-Ser-Ser-Phe-Leu-Ser-Pro-Glu-His-Gln-Arg-Val-
        3                           10
Gln-Gln-Arg-Lys-Glu-Ser-Lys-Lys-Pro-Pro-Ala-Lys-
                                20
Leu-Gln-Pro-Arg
            28
```

図7・5　グレリンの構造

は不明であった。当時、人工的につくられたGHSはGHRH受容体とは異なる受容体に結合することがわかっていた。そのため、GHSオーファン受容体に結合する分子が体内で見つかれば、その分子が正体不明のGSHということになる（図7・4）。多くの研究者はGSHオーファン受容体が脳下垂体に発現していることから脳神経組織からGSHを探したが、どれもうまくいかなかった。そしてついに一九九九年、国立循環器病センターの児島将康らによって、その物質は「胃」から発見され、構造が決定された。英語で成長を表す「grow」がインド・ヨーロッパ基語で「ghre」であることにちなんで、グレリン（ghrelin）と名づけられた。グレリンは二十八個のアミノ酸からなるペプチドで、アミノ末端から三番目のセリンに炭素鎖の短い脂肪酸が付加している特有の構造をもつ（図7・5）。この脂肪酸の付加はグレリンの活性に必須である。

　グレリンが胃から発見されたのは予想外でもあったため、そのほかのはたらきについても調べられた。その結果、食欲を促進する作用などをもつことがわかった。グレリンはおもに胃でつくられ空腹が刺激となって分泌され、その血中濃度は絶食によって上昇し、摂食やグルコースの投与によって低下する。食欲がないと成長もできないことをから、グレリンの二つの作用は理にかなっているといえる。グレリンは多くの哺乳類、鳥類、両生類、魚類でも見つかっており、同じように三番目のアミノ酸に脂肪酸が付加されている。

末梢組織から中枢へ

これまで、末梢組織から分泌され中枢に作用する食欲調節ホルモンについてみてきた。レプチンは脂肪組織から分泌され食欲を抑制し、グレリンはおもに胃から分泌され食欲を促進する（図7・7参照）。レプチンは長期と短期の調節に、グレリンは短期の調節にかかわる。これは脂肪組織の増減は簡単にはできないが、胃は食事のたびに伸び縮みできるためである。そのほか末梢組織からのケースとして、血糖値すなわち血液中のグルコース（ブドウ糖）濃度の変化がある。血糖値は膵臓でつくられるホルモンであるインスリンやグルカゴンなどによって制御されている。グルコース濃度の変化を感じる部位は視床下部にあり、レプチンやグレリンがかかわっている内分泌系と複雑にからみあって食欲を間接的に調節することが知られている。

中枢における食欲調節のしくみ

現在では、脳内で食欲調節にかかわる物質がいくつか見つかっている。そのうち食欲を促進するペプチドとしては、ニューロペプチドY（NPY）、メラニン凝集ホルモン（MCH）、オレキシン（ORX）などがある。オレキシンは睡眠障害（ナルコレプシー）に深くかかわる物質としても注目されている。一方、食欲を抑制するペプチドとしてはα-メラニン細胞刺激ホルモン（α-MSH）、甲状腺刺激ホルモン放出ホルモン（TRH）、副腎皮質刺激ホルモン放出ホルモン（CRH）などがあ

食欲亢進

ニューロペプチドY　Tyr-Pro-Ser-Lys-Pro-Asp-Asn-Pro-Gly-Glu-Asp-Ala-Pro-Ala-Glu-Asp-Met-Ala-Arg-Try-Try-Ser-Ala-Leu-Arg-His-Tyr-Ile-Asn-Leu-Ile-Thr-Arg-Gln-Arg-Tyr-NH_2

MCH　Asp-Thr-Arg-Cys-Met-Val-Gly-Arg-Val-Tyr-Arg-Pro-Cys-Trp-Glu-Val

食欲抑制

α-MSH　Ac-Ser-Tyr-Ser-Met-Glu-His-Phe-Arg-Trp-Gly-Lys-Pro-Val-NH_2

オレキシン　pGlu-Pro-Leu-Pro-Asp-Cys-Cys-Arg-Gln-Lys-Thr-Cys-Ser-Cys-Arg-Leu-Tyr-Glu-Leu-Leu-His-Gly-Ala-Gly-Asn-His-Gly-Ala-Gly-Asn-His-Ala-Ala-Gly-Ile-Leu-Thr-Leu-NH_2

図7・6　食欲を調節する神経ペプチド類

る（図7・6）。そのほかにも食欲を調節する物質が見つかっており、これらは互いに連携してはたらくことがわかっている。ここでは、少し話を簡単にして食欲調節のしくみについてみていこう（図7・7）。

満腹時には、視床下部の弓状核においてNPYおよびα-MSHをつくるニューロン（神経細胞）の受容体にレプチンが作用することで、それぞれのホルモンが分泌される。脂肪細胞が大きくなりレプチンが増産されると、α-MSHニューロンのはたらきが促進され、同時にNPYニューロンのはたらきが抑制されるため、食欲は抑制される。さらに、レプチンは外側野にあるMCHニューロンの抑制にもかかわっている。また、MCHニューロンはNPYによっても調節され

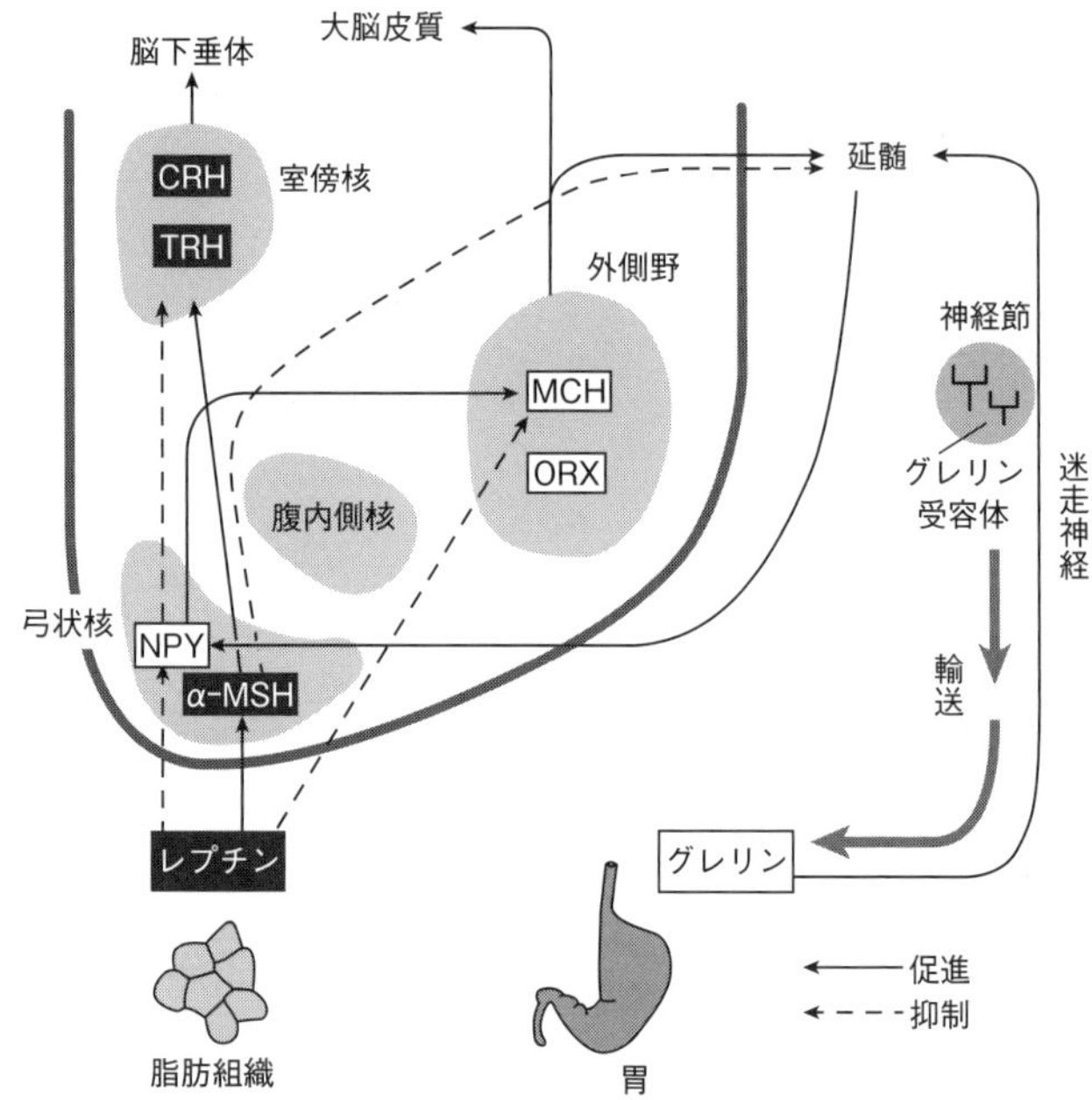

図7・7　視床下部における食欲調節のしくみの概略　□は食欲促進物質，■は食欲抑制物質を表す

ている。

一方、空腹時には、おもに胃でつくられるグレリンはレプチンのような直接的な制御はみられない。グレリンの受容体は迷走神経の神経節でつくられ迷走神経末端に輸送されて、そこで胃から分泌されたグレリンと結合し、その情報が延髄を経由して弓状核のNPYニューロンに伝えられる。また、グレリンは弓状核でもつくられ、食欲を促進することが確認されている。

ちなみに、以前から満腹中枢であるといわれてきた腹内側核にはレプチンやオレキシンの受容体が見つかっているが、食欲を調節するペプチドの分泌についてはまだ確認されていないようである。また、室傍核では食欲抑制にかかわるCRHやTRHなどが見つかっている。

このように食欲の調節は、本章の冒頭でふれた図式（図7・1）とは異なり、弓状核や室傍核などを含む視床下部のより広い領域でおこなわれていることが明らかとなっている。そして、視床下部で受けたさまざまな刺激が脳の前頭葉に伝わり、さらに脳幹および大脳基底核なども関係して最終的な摂食行動にいたる。実際には、これまでに述べたよりも多くの物質が関与し、さらに複雑なしくみによって支えられ、あるところに欠陥が生じてもほかのところで補えるしくみが備わっている。

昆虫の食欲もペプチドホルモンで

クワの葉を食べるカイコでは摂食時間帯と非摂食時間帯が約二時間の周期でくり返すリズムがあることが観察されている。絶食させたカイコにクワの葉が入った人工飼料を提示すると摂食を開始するまでの時間が、NPYと構造の類似したショートニューロペプチドF、タキキニン、ヒーマップというペプチドを投与すると早くなり（摂食促進）、アラトスタチン、アラトスタチン様ペプチド、ミオサプレッシンを投与すると遅くなる（摂食抑制）ことから、これらのペプチドホルモンによる促進と抑制のバランスで摂食リズムがつくられているようだ。

第8章　昆虫がかたちを変えるための戦略

昆虫は約四億年前に陸上に出現したといわれ、翅を手に入れて空中を飛びまわることが可能となった。そして、長い進化の過程で陸上の植物と共存しながら、さまざまな多様性を獲得していった。現在、地球上の生き物の約四分の三が昆虫で占められている。このような繁栄につながったのは、「変態」という戦略によって成長できるからである。昆虫は進化の過程で敵から身を守り、変態などによって種を存続する術を獲得していった。このような戦略にもさまざまな化学物質が関与している。

『アリとさなぎ』

イソップの寓話に『アリとさなぎ』がある。アリはチョウの蛹（さなぎ）に出会ったとき、「僕は思うままに動けるし、高い木の上にだって登れるのに、君は狭い殻に閉じこめられて何もできない」と憐れんで言った。数日後にアリが同じ道を通りかかると、ぬけ殻だけが残されていた。不思議に思っていると、急に美しい翅のチョウが高く舞い上がり、アリに向かって「もっと自慢するがいいさ、どこまでも高く登っていけるって」と言い放ち、大空高く飛び去っていった。『アリとさなぎ』は昆虫が変態によってその行動が一変することを題材にしながら、見た目だけで判断してはいけないことを教訓とするお話しである。当然、アリも変態するが、自分のことは忘れてしまったのだろうか。

昆虫の一生と変態

変態は幼虫から成虫になる段階において、体のかたちが大きく変化することをいう。大部分の昆虫は幼虫→蛹→成虫の過程をへて変化する（序章図1参照）。これを完全変態という。そのほか、蛹にならずに、幼虫から成虫に直接変化する不完全変態もある。セミ、トンボ、バッタなどにみられる。また、ごくわずかではあるが、変態といえる変化がみられない昆虫もいる。

このような昆虫の変態においてどのような「戦略」がとられているか、カイコ（蚕）を例にしてみていこう。カイコの一生はすでに図3・3に示した。カイコは卵から孵化すると、一齢幼虫になる。クワの葉を食べて脱皮をくり返し、五齢幼虫をへて変態し、蛹になる。さらに十日～二週間で変態してガ（蛾）になり、やがてオスとメスは交尾をして卵を産む。もし、卵が休眠しなければ、二週間ほどで孵化する。このように、カイコの一生はわずか六十日ほどで終わる。幼虫から幼虫へ脱皮するときは体のかたちがほとんど同じである。さらに幼虫から蛹に変態すると、体のかたちは完全に変化する。また、幼虫のときはエサを食べて大きくなるが、蛹になるとエサや水はとらなくなる。カイコの場合はまゆ（繭）をつくり、そのなかで蛹になる。そして蛹から成虫に変態すると、六本の脚と四枚の翅をもち、それまでとはまったく異なる姿になる。このように変態は体のかたちだけでなく、生活様式までも大きく変えてしまう。

脱皮にかかわるホルモンの発見

このような昆虫の脱皮や変態は昔から多くの人々によって神秘的なものとされてきたが、そのしくみは一九一七年にはじめてポーランドの生物学者S・コペッチにより解明された。彼はマイマイガを用いて終齢幼虫（蛹に変態する直前の幼虫期）の頭部と胸部のあいだを糸でしばったり、脳を摘出したりしたあと、胸部と腹部が蛹に変化するかどうかを観察した。その結果、脳に脱皮を促すホルモンが存在することが明らかになり、「脳ホルモン」と名づけた。当時、脳のような神経組織がホルモンをつくるということが知られていなかったので、この考えはなかなか支持されなかった。その後、魚の脳からホルモンが分泌されることが判明し、コペッチの考えも受けいれられた。

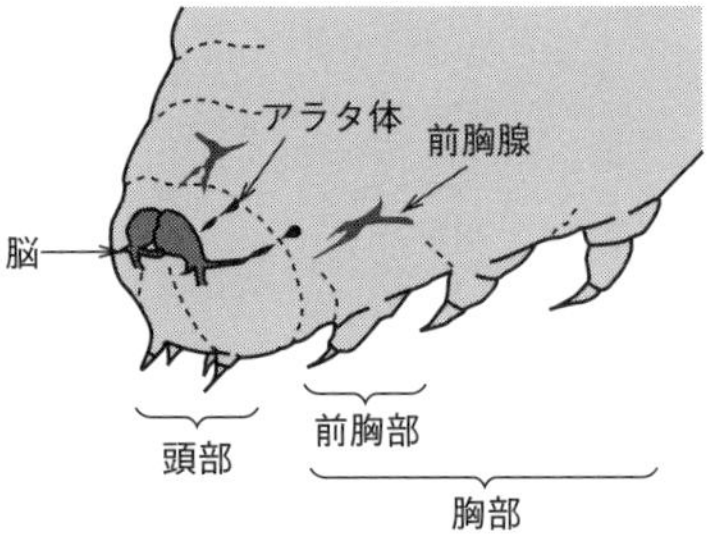

図８・１　カイコガ幼虫の脱皮・変態に関与する内分泌器官

のちにさまざまな昆虫を用いた実験から、胸部も脱皮に関係することがわかった。このような状況で、福田宗一は一九四〇年にカイコの前胸腺が脱皮や変態に欠かせないことを実験的に示した。前胸腺は前胸部にある一対のひも状の器官である（図８・１）。

一方、もう一つの重要なホルモンは一九三七年に英国のV・W・ウィグルスワースによって同様にして発見された。このホルモンは「幼若ホルモン」とよばれ、脳と神経でつながるアラタ体（図８・１）という微小な器官でつくられる。こうして一九五〇年

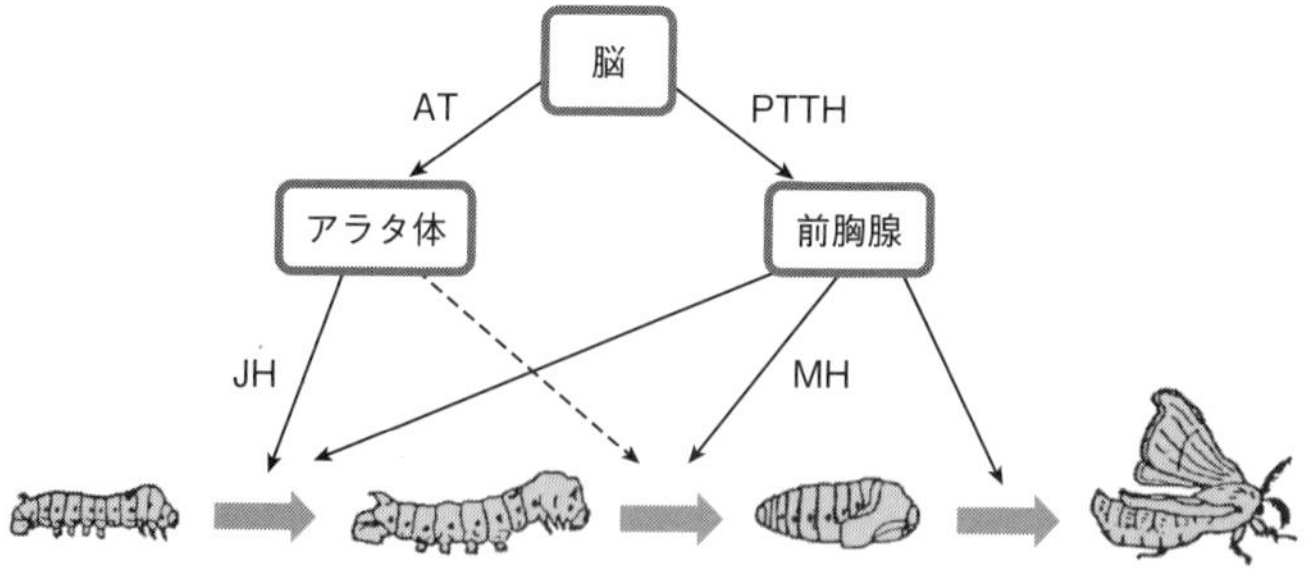

図8・2　昆虫の脱皮，変態のしくみ　PTTH：前胸腺刺激ホルモン，MH：脱皮ホルモン，JH：幼若ホルモン，AT：アラトロピン（アラタ体刺激ホルモン）

代までに、脳、前胸腺、アラタ体の関係について、図8・2のような図式が確立された。すなわち、脱皮には前胸腺から分泌される「脱皮ホルモン」が必須であり、そのときアラタ体から分泌される幼若ホルモンが十分に存在すると変態せずに幼虫は幼虫脱皮し、幼若ホルモンがあまり存在しないと幼虫は蛹に、蛹は成虫に変態する。このように幼若ホルモンは変態を抑制し、個体の若さを保つはたらきがある。ちなみに脊椎動物では類似の作用をもつホルモンは見あたらない。前胸腺における脱皮ホルモンの合成はさらに上位から制御されており、脳ホルモンによって刺激されてはじめて脱皮ホルモンの合成がはじまる。のちに脳では複数のホルモンがつくられていることがわかり、「前胸腺刺激ホルモン」とよばれるようになった。一方、アラタ体における幼若ホルモンの合成は脳でつくられるアラタ体刺激ホルモン（アラトロピン）の作用によってはじまると考えられている。

三つのホルモンの精製と構造解析

これら三つのホルモンのうち、脱皮ホルモンと幼若ホルモン

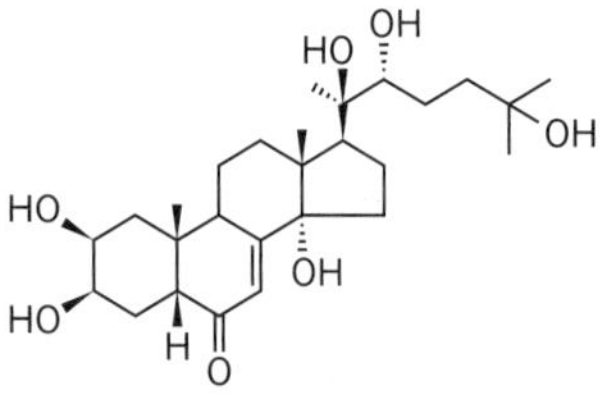

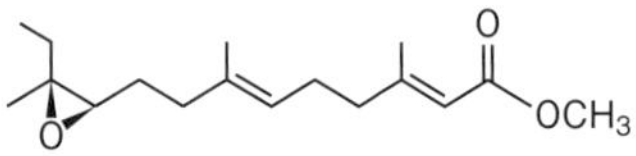

図8・3　脱皮ホルモンと幼若ホルモン

はそれぞれドイツのA・F・Jブテナントと米国のH・レラーらによって精製され、一九六〇年代にそれらの構造が明らかにされた（図8・3）。いずれもテルペノイドとよばれる化合物群に属している。脱皮ホルモンはステロイド化合物であり、昆虫の種を超えてすべて同じ構造をもつ。一方、幼若ホルモンは昆虫種によってわずかに異なる。

前胸腺刺激ホルモンは日本人研究者によって精製され、構造が決定された。前胸腺刺激ホルモンは高分子の糖タンパク質であり、体内に含まれる量はさらに少なかったため、精製は困難をきわめた。材料にはカイコが用いられた。特に、微量のホルモンの精製には大量のカイコが必要であったが、このような試練を乗り越えて、世界に先駆けて研究ができたのも、明治時代から盛んな養蚕業のおかげといえよう。明治時代になってわが国の養蚕業は主要輸出産業になるまでに成長し、一九三〇年には世界のまゆの生産の六〇％を占めるまでにいたった。この養蚕業をさまざまな側面から支えてきたのは、農林省蚕糸試験場および地方の県の試験場であり、カイコの品種の保存と育種、カイコガの遺伝や生理に関する基礎研究などがおこなわれた。また材料のカイコを大量に得るにも、さまざまな人々の援助があった。図8・4には当時の様子を示した。蚕種製造業者（第3章参照）はカイコの

図8・4　前胸腺刺激ホルモンを抽出するための材料（オスのカイコガ頭部）集め　蚕室の廊下に机を並べ（左），冷凍保存しておいたオスのカイコガからカミソリで頭部をドライアイス上に切り落とし（右），抽出材料とした．著者撮影

卵を生産したあとのオスのガは廃棄してしまうので、これを譲り受け、いったん食品会社の冷凍庫に貯蔵し、農閑期に農家の主婦らにお願いして凍ったまま頭部だけを切り落として抽出材料とした。こうして一人で一日約五千個の頭部を集めることができた。ちなみに、ブテナントらの研究は日本からの材料も使ってなされている。

一九五八年に当時農林省蚕糸試験場（現（独）農業生物資源研究所）の小林勝利らは、カイコの脳の抽出物に前胸腺刺激ホルモンの活性があることをはじめて報告した。彼らはその後も大量に集めたカイコの脳を用いて精力的に精製を進めたが、単離にはいたらなかった。一方、京都大学理学部の市川衛《まもり》と石崎宏矩は一九六三年に同じ現象を確認した。この二つのグループは独立に進めたが、最終的には石崎と共同研究者の東京大学農学部の鈴木昭憲らによって一九八七年に単離され、一九九五年に最終的な構造が決定された（図8・5）。このときまでに前胸腺刺激ホルモンの研究で使ったカイコは二千万匹にも及んだ。

カイコの前胸腺刺激ホルモンは一〇九個のアミノ酸から

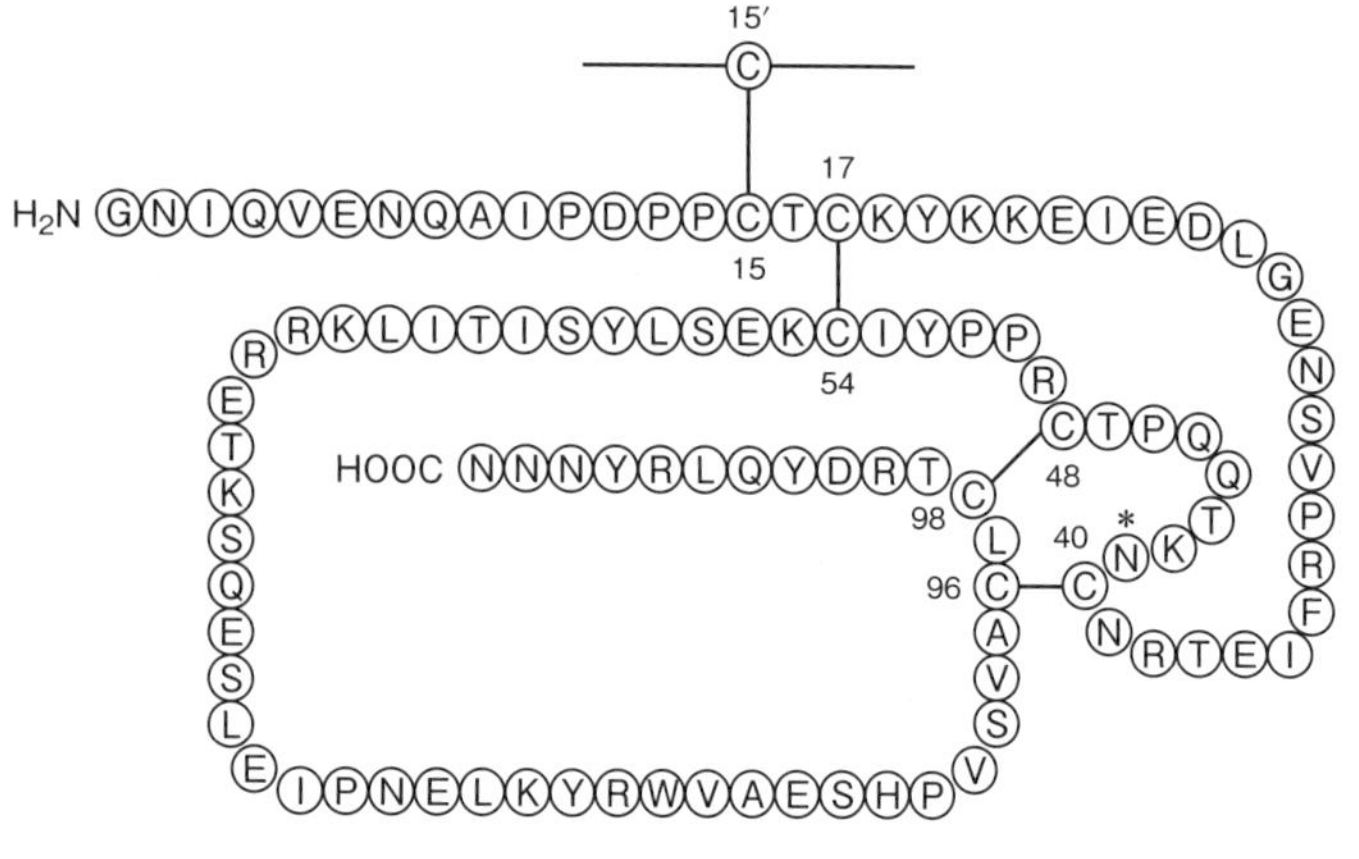

図８・５　前胸腺刺激ホルモンの構造　109 個のアミノ酸残基からなるペプチドが二量体を形成している．41 残基目のアスパラギン残基（＊）に糖鎖が結合している．このホルモン 0.1 ナノグラム（1 ナノグラムは 10 億分の 1 グラム）を，脳をとり除いた蛹に注射すると成虫化させることができる

なる。分子内には七つのシステイン（C）が含まれ、三対のジスルフィド結合（-S-S-）によって立体構造を保っている。残り一つのシステイン（アミノ末端から十五番目）はもう一分子の同じ場所のシステインと結合して二量体を形成している。また、四十一番目のアスパラギンには糖鎖が結合している。しかし、前胸腺刺激ホルモンの活性を示すのに、二量体の形成や糖鎖の結合が必ずしも必要ではないことがわかっている。

わずか四個の細胞でつくられる

前胸腺刺激ホルモンは脳内のどの細胞でつくられるのだろうか。このホルモンに対する抗体を作製し、抗体と反応する分子がどの細胞に存在するかを調べた。その結果、図８・6のように左右二対のわずか四個の細胞でホルモンが合成されることがわかった。これら

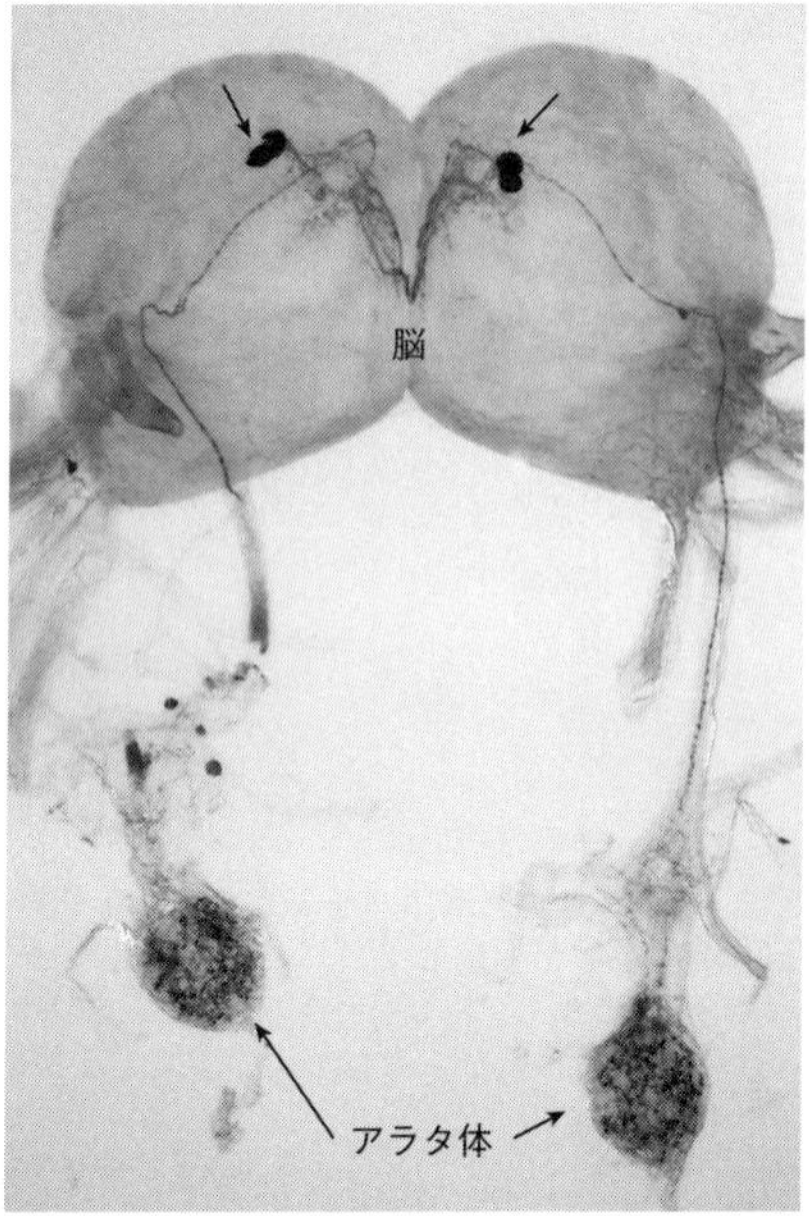

図8・6　前胸腺刺激ホルモンをつくる細胞
左右２対の細胞（矢印）から軸索が脳の中央で交叉してアラタ体まで延びている．溝口明氏提供

の細胞を詳しく調べてみると、神経突起がアラタ体まで伸びており、ホルモンはこの神経突起の先端から血液中に分泌されることがわかった。また、右側の二個の細胞の神経突起は左側のアラタ体へ、左側の二個の細胞からは右側のアラタ体へ伸びて、脳の中央で交叉するという特徴をもつ。

脱皮ホルモンはコレステロールから

脱皮ホルモンはステロイド化合物であり、前胸腺においてコレステロールから合成されることがわかっている。しかし、昆虫は自分でステロイド骨格を合成することができない。したがって、エサからステロイド化合物をとりいれる必要がある。たとえば、カイコはクワ(桑)の葉しか食べない。植物は一般にステロイド化合物を合成できるが、コレステロールそのものを合成できるわけではなく、その種類も植物により異なる。そこで、カイコはクワのステロイド（おもにβ-シトステロール）を

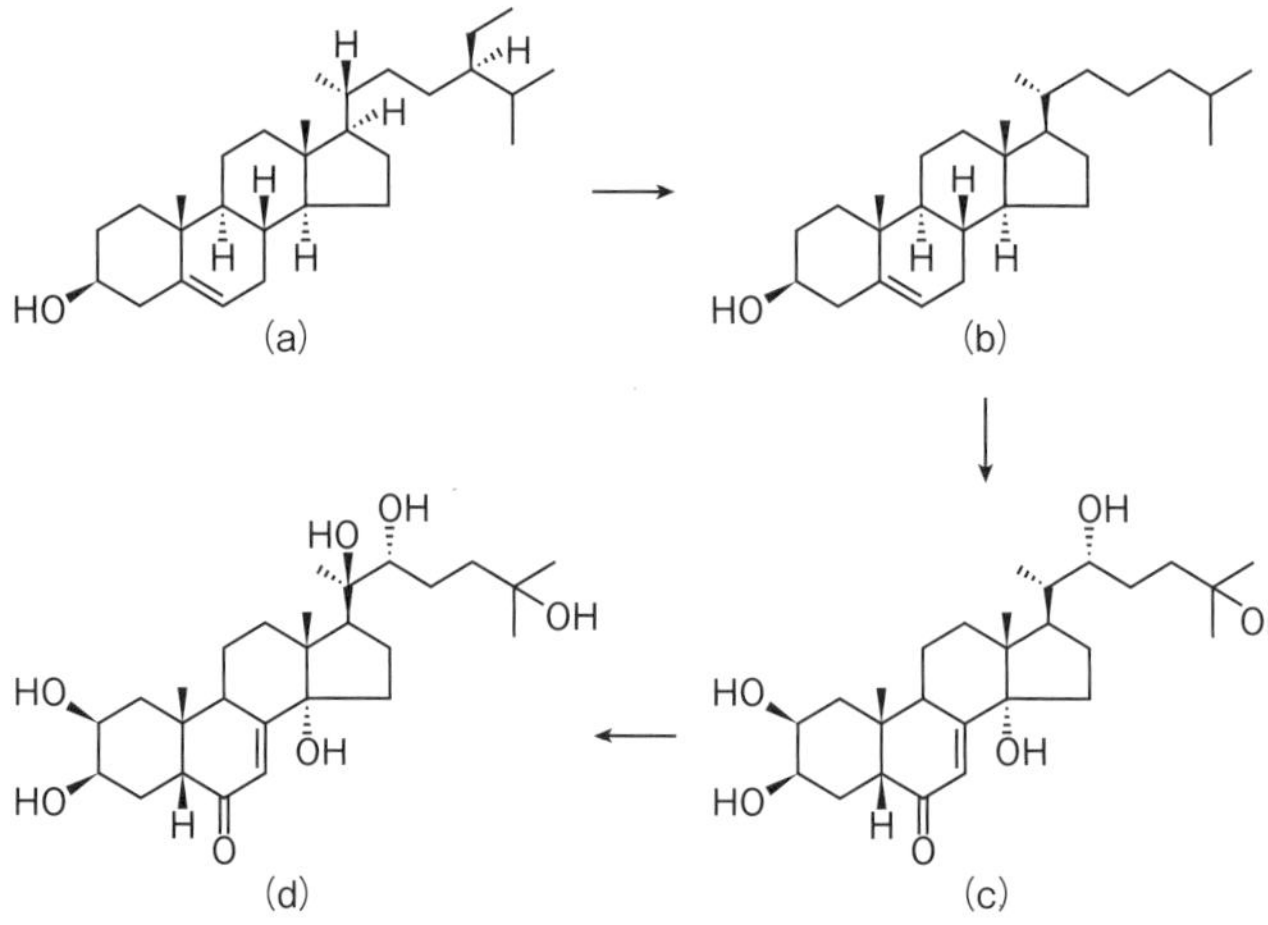

図８・７　脱皮ホルモンの合成経路　植物ステロール（この図ではβ-シトステロール(a)）はいったんコレステロール(b) に変換されたあと，前胸腺で脱皮ホルモン前駆体（エクジソン(c)）が合成され，それがさまざまな組織で脱皮ホルモン（20-ヒドロキシエクジソン(d)）となる

まずコレステロールに変換し、それを材料にして脱皮ホルモンを合成する（図８・７）。昆虫の食性は種ごとに異なっており、それぞれの昆虫がエサの中のステロイド化合物をコレステロールに変換する。昆虫の脱皮・変態に欠かせない脱皮ホルモンの原料が完全にエサに依存しているにもかかわらず、現在もっとも地球上で繁栄しているのは不思議である。

その作用のしくみ

いざ、脱皮しようとすると昆虫の体内ではさまざまな反応が同時に進んでいかなければならない。その引き金となるのが、脱皮ホルモンである。脱皮ホルモンは前胸腺で合成され血液中に分泌されると、さまざまな細胞にとりこまれる。細胞質内には脱皮ホルモンと特異的に結合

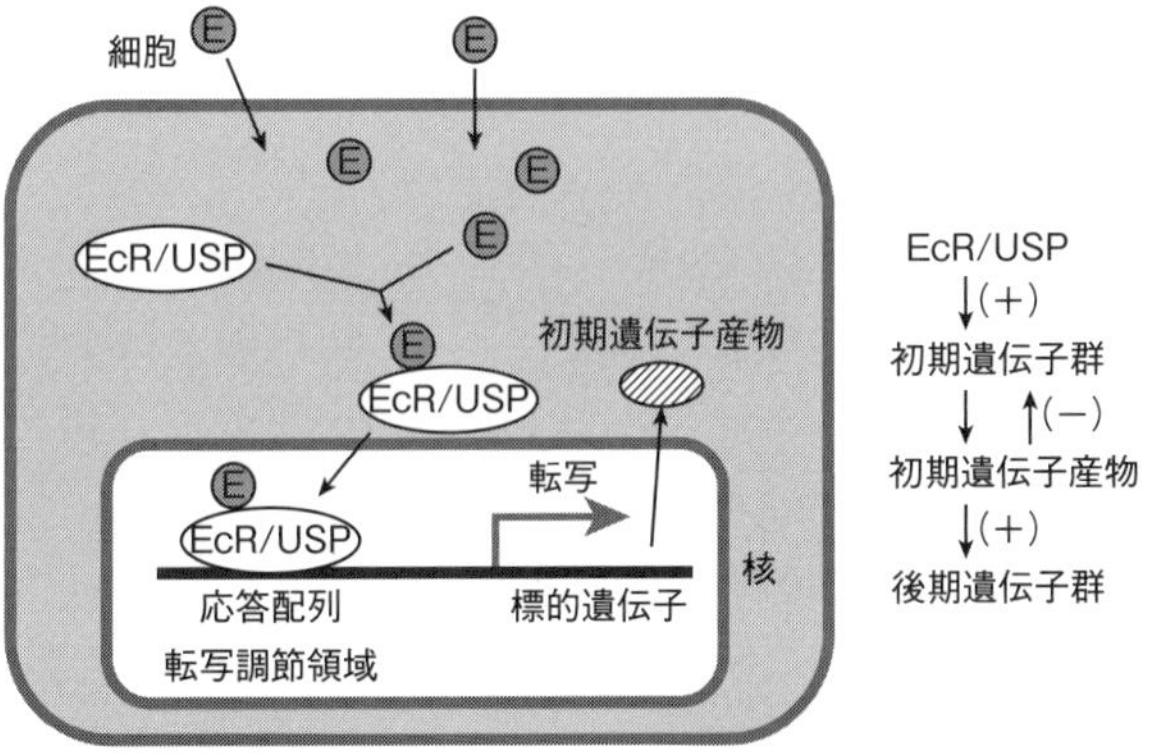

図8・8　脱皮ホルモンの作用のしくみ　E：脱皮ホルモン，EcR：脱皮ホルモン受容体，USP：ウルトラスピラクル

する受容体が存在し、脱皮ホルモンと結合する。このとき、脱皮ホルモン受容体は別のタンパク質であるウルトラスピラクル（USP）と二量体を形成する。この複合体は核へ移行し、標的遺伝子の転写を調節する領域に存在するDNA応答配列を認識して結合し、その遺伝子の発現を誘導する。このような遺伝子を初期遺伝子群とよぶ。初期遺伝子群の翻訳産物は自分自身の遺伝子発現を抑え（負のフィードバック）、後期遺伝子群の発現を誘導する（図8・8）。

このような脱皮ホルモンの作用のしくみはショウジョウバエではじめて見いだされた。脱皮ホルモンと同じ化合物群に属する脊椎動物のステロイドホルモンでも同様にみられる。さらにはステロイド化合物だけでなく、低分子ホルモンである甲状腺ホルモンやレチノイン酸も同じしくみで作用する。このような低分子ホルモンの受容体は類似の構造と機能をもつことから、核内受容体スーパーファミリーとよばれている。

第9章　フェロモンは雌雄の出会いをいざなう

集団で生活する動物は互いの存在を視覚や嗅覚あるいは物理的な接触などで感じることができるが、離れて生活する動物では互いの存在をどのように感知するのだろうか。生殖は次世代を残すためにきわめて重要な行為であるが、そのためにはメス（雌）とオス（雄）の出会いが欠かせない。生き物の世界ではこのようなコミュニケーションが、同種の個体間で化学物質を手段としておこなわれている。

『ファーブルの昆虫記』

『ファーブルの昆虫記』には、昆虫の不思議な行動や習性についての観察や簡単な実験とその結果が記されている。J・H・ファーブルはフランスの片田舎の小中学校の数学の教師であったが、五十五歳から八十七歳までにおこなった観察の結果を十巻の本にまとめている。そのなかに「オオクジャクガの夕べ」という一節がある。ヨーロッパで最大のガ（蛾）であるオオクジャクガのメスの蛹（さなぎ）をかごに入れておいたところ、その蛹が羽化し、夜中にオオクジャクガのオスが四十匹近くかごのまわりを乱舞していてたいへん驚いた、しかもこの出来事は八日間もつづいた、という記述があ

図9・1　「オオクジャクガの夕べ」を想い浮かべて

る（図9・1）。ファーブルはオスがメスに寄ってくるのは、メスが何らかの信号を出していると推測し、視覚、音、匂いの三つの可能性を以下のように実験で確かめながら考察している。

一．オスの触角を切除するとオスは誘引されなくなるので、触覚で信号を受けとっている。

二．メスを完全に密閉した容器に入れるとオスは誘引されない。また、密閉する容器の材質にはよらない。少しでも隙間があると誘引される。

三．メスを置く場所を変えても、オスは以前の場所ではなく直接メスのいる場所に飛んでくる。

四．もっと強い匂い物質（樟脳）を置いてもそれによって邪魔されることはない。

五．ほかの種のガでもオオクジャクガと同様にメスがオスを誘引する現象がある。

六、種によって誘引する時間帯が異なる。オオクジャクガの場合は日が暮れてから二、三時間のあいだである。

数キロメートル離れたところからでもオスが誘引されるため、ファーブルは匂い物質だけで説明するのは難しいと考えた。そこで、虫が何らかの振動をすることで波動をおこし、それが遠くまで伝わるのではないかと考えた。この波動に関してはいまだに実証されていないが、現在では誘引物質はきわめて低濃度で活性を示すことがわかっており、匂いだけで説明できると考えられている。

最初に単離された性フェロモン―ボンビコール

このようにメスから放出されオスを誘引する「性フェロモン」の抽出と精製は、一九三九年にドイツのA・F・J・ブテナントによってカイコの処女メスを用いて開始された。その二年後にはフェロモンがアルコール類で、アルカリ処理によってその活性が失われない中性物質であることを報告した。一方、わが国では牧野堅らも同じ材料を用いて、一九五六年に二十〜四十ピコグラム（一ピコグラムは十億分の一グラム）という超微量で活性を示す精製物を得ている。これをカイコの学名（*Bombyx mori*）にちなんで bombixin（ボンビキシン）と名づけた。しかし、残念ながらこれ以上の研究はおこなわれなかった。ブテナントおよびP・カールソンらはその後も精力的に研究を進め、一九六一年に五十万匹のカイコ処女メスから単離に成功し、bombykol（ボンビコール）と名づけた。以後、この名前が用いられている。ボンビコールは揮発性があるので、精製の途中は不揮発性の不活性化合物に変換して進められ、分離した一部の試料についてのみ、もとの揮発性物質に戻して生物活性の検定がおこなわれた。このような例は珍しく、ブテナントらの苦労がしのばれる。ボンビコールは十の十六乗分の一グラムという超微量で性フェロモンとしての活性を示すことがわかった。同年、同じ研究グループによって化学構造が決定された（図9・2）。ボンビコールは炭素十六個の直鎖第一級アルコールで10位と12位に二重結合をもつ。

しかし、天然から得られた材料では分子内に存在する二つの二重結合の幾何異性を決定することができなかった。幾何異性とは二重結合に結合した原子(団)の空間的配置だけが異なる化合物が生じる現象のことをいう。そこで、可能性のある四つの幾何異性体すべてを化学合成して、フェロモンとしての活性を調べたところ、10E、12Z体がもっとも強いことがわかり(表9・1)、ボンビコールの最終的な構造が図9・2のように決定された。興味深いことに、ほかの三つの幾何異性体はほとんど活性を示さなかった。これはオスの触角がこの分子の幾何的な配置を正確に認識できることを示している。通常、幾何異性体を区別するために、置換基(この場合、炭化水素鎖)が二重結合の反対側にあるものをE体、二重結合の同じ側にあるものをZ体と表す。

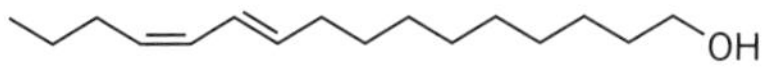

図9・2 ボンビコールの構造 二つの共役した二重結合をもつ

表9・1 合成したボンビコール幾何異性体のフェロモン活性の比較

化合物	生物活性
ボンビコール（天然物）	1×10^{-16}
10Z, 12Z 体	1×10^{-6}
10Z, 12E 体	1×10^{-9}
10E, 12Z 体	1×10^{-18}
10E, 12E 体	1×10^{-5}

生物活性は供試虫の 50 %が反応を示す濃度 (g/ml) で示した.

ボンビコールの生合成

ボンビコールは、直鎖脂肪酸であるパルミチン酸から合成される。パルミチン酸は炭素鎖の長さが十六、つまり十六個の炭素からなる。図9・3のように最初に11位に一つの二重結合がつくられ、つぎに両側に伸長するように二重結合が10位、12位にはいり、最後に末端のカルボキシ基（アシル基）が還元されてアルコールになる。

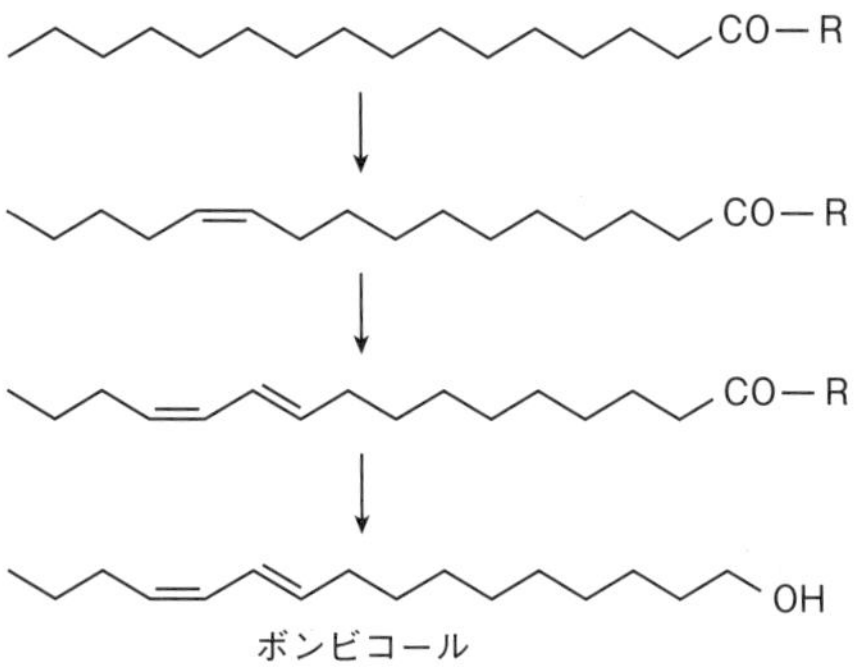

図9・3　ボンビコールの生合成

ガ類の性フェロモンはボンビコールと同様に脂肪酸から合成される。炭素鎖の長さは十八、十六、十四で、一個から三個の二重結合をもち、末端はアルコール、アルデヒド、アセテート（アルコールの酢酸エステル）のいずれかである。まれに炭素鎖に枝分かれがあったり、末端の官能基が炭化水素に代わったりしたものもあるが、いずれも脂肪酸から生合成されている。

性フェロモンがはたらく秘けつ

カイコの性フェロモンの化学構造が示されたのち、ほかの昆虫についてもいっせいに研究が開始された。いまでは五百種以上の昆虫の性フェロモンの化学構造が明らかになっている。その過程で、ほとんどのガ類において性フェロモンは一つの化合物でなく、複数の成分の混合物であることがわかってきた。たとえば、ニカメイガやハスモンヨトウは二種類の成分を、ナシヒメシンクイは四種類の成分を利用している（図9・4）。複数の成分どうしは化学構造が類似している。また、その混合比も重要となる。ハスモンヨトウの性フェロモンは、それぞれ単独ではほとんど活性を示さず、その混合比（AとB）が四対一〜三十九対一のあいだで強い活性を示す。性フェロモンはメスとオスの出会いをいざなうという役割から種に特異的でなければならず、限られた数の化合物を利用するガ類にとって性フェロモン成分の混合物を利用し、その混合比がある範囲に定まっていることは、種の保存のための重要な戦略といえる。

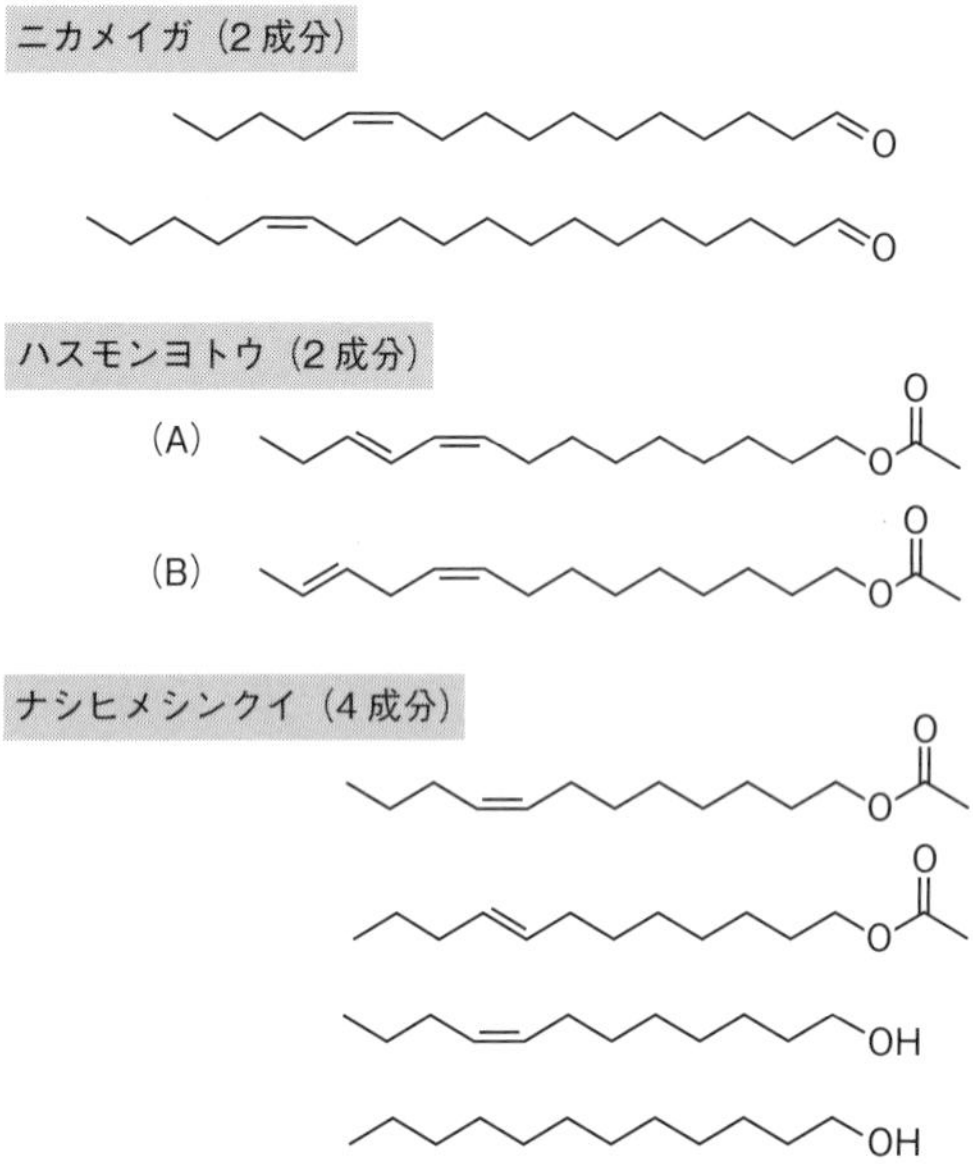

図9・4　複数の成分からなる性フェロモン　これらの混合比が活性の強さを決める

一方、カイコの性フェロモンはむしろ例外であり、ボンビコールの一成分で活性を示す。もしブテナントらがカイコ以外の昆虫を選んでいたら、ずっと研究が遅れたに違いない。というのも混合物のみで活性を示すならば、それぞれの成分を特定することは至難の業となる。

ホルモンによる生合成の制御

一九八〇年代半ばになって、ガ類においてはペプチドホルモンの刺激によって性フェロモンの生合成が開始されることがわかってきた。そのホルモンは食道下神経節でつくられる。昆虫の神経系ははしご状神経とよばれ、脳から腹部の末端まではしごのかたちをした神経が連なっている。その途中には神経節とよばれる神経細胞の塊がある。食道下神経節は脳のつぎに位置する神経節で、ここでつくられたペプチドホルモンが血液中に分泌され、腹部末端のフェロモン腺に到達しその細胞を刺激してボンビコールの合成を促す。このペプチドホルモンは三十三個のアミノ酸残基からなる。カイコ以外の昆虫では、このペプチドホルモンのアミノ酸配列はカイコのものと類似しており、特に機能を果たすのに重要なカルボキシ末端の五残基は類似性が高い。

昆虫の性フェロモンの応用

性フェロモンは種に対する特異性が高く、ヒトにも作用しないので、安全性の高い農薬として利用されてきた。性フェロモンによって大量のオスのガを誘引して殺すことができれば、次世代の個体数を著しく減少させることができる。この目的で多くの野外実験がおこなわれてきたが、一部の昆虫を除いてあまり効果がないことがわかった。その代わりに交信かく乱という方法が用いられている。これは性フェロモンを数か所においてオスを混乱させ、雌雄の出会いの機会を減らすことを目的とする。この方法では害虫を直接殺すわけではないので、神経毒のような即効性はない。また、性フェロモンは害虫発生の予察にも利用されている。単に暦に従って農薬の散布時期を決めるのではなく、農薬散布の効果を最大限にし、使用量を最小限に抑えるために、フェロモントラップで害虫を誘引し、その数の変動から害虫の卵の孵化時期が予測されている。フェロモントラップにはいくつかの種類があるが、たとえば容器の入口にフェロモン剤をとりつけて、オスを容器の中に誘いこむ。すると、入口より出口が狭いのでオスは出られなくなり、中に入っている液体(水に数滴の中性洗剤を加えるなど)によって溺死する。日本は、性フェロモンの農業分野への利用において世界をリードしている。

性フェロモン以外の昆虫フェロモン

昆虫のフェロモンとしては性フェロモンのほかに、集合フェロモン、警報フェロモン、道しるべフェロモン、階級分化フェロモンが知られている。集合フェロモンとはゴキブリやキクイムシなど集合性昆虫の糞に含まれる物質で、同種のほかの個体を雌雄に関係なく誘引する。キクイムシは樹木に飛来して穴をあけて食害し、糞と木屑の中に集合フェロモンを分泌し、多くの成虫をよび寄せる。警報フェロモンとはミツバチやアリなどの社会性昆虫において、仲間に知らせて脅威に対して敵対行動をひきおこす役割をもつ。たとえばセイヨウミツバチは警報フェロモンを刺針の付属腺から分泌する。道しるべフェロモンはアリやミツバチにおいて巣に帰るための道しるべとなる(図9・5)。階級分化フェロモンは社会性昆虫であるアリやハチにおいて集団の階級制を維持するために用いられる。

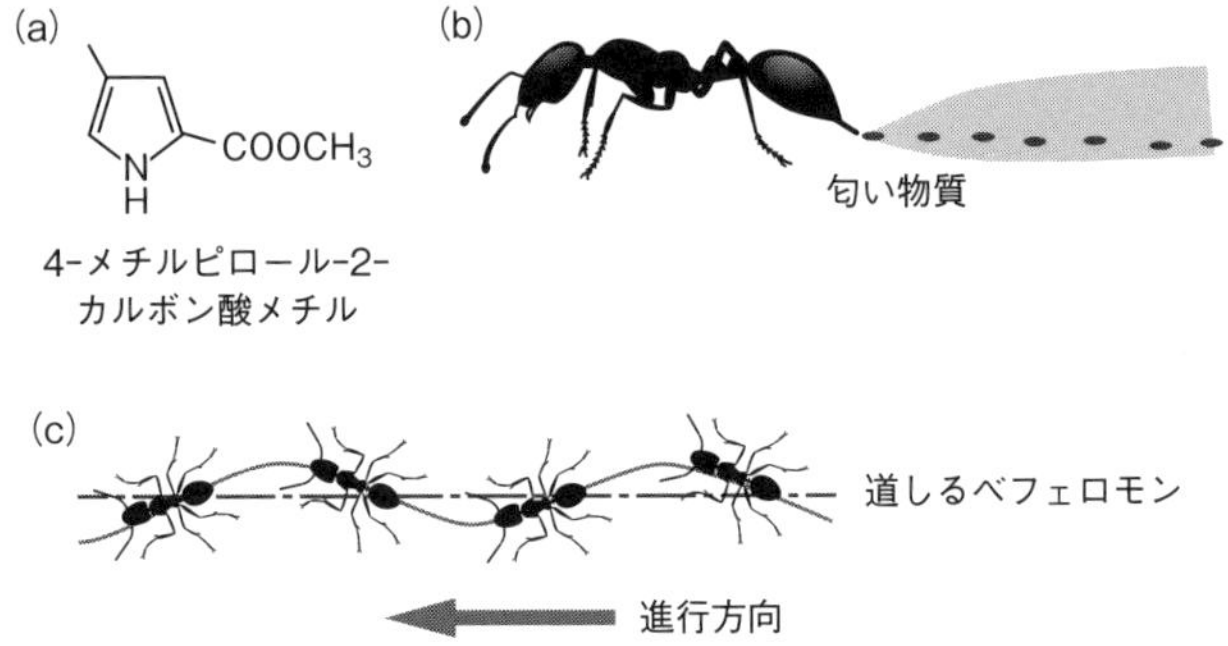

図９・５　道しるべフェロモン　(a) ハキリアリの一種の道しるべフェロモン．アリの種類によって，フェロモンの化合物も異なる，(b) お尻から匂い物質を出しながら歩行する，(c) 抽出した道しるべフェロモンを直線上に塗布した上をアリが触覚で検知しながら歩く

Ser-Ile-Pro-Ser-Lys-Asp-Ala-Leu-Leu-Lys

図９・６　イモリの性フェロモン

たとえばハチでは女王バチがひとつのコロニーを支配しており、この女王の存在によってコロニーの安定が保たれている。女王のまわりには絶えず護衛の働きバチがおり、女王バチが分泌する女王物質を受けとり巣の中を移動しながら、女王が安泰であるという情報を伝えている。また、このフェロモンは働きバチの卵巣の発達を抑え、新しい女王の養育を阻止するという役割もある。

昆虫以外の生き物のフェロモン

フェロモンの効果は昆虫の行動において顕著にみられるが、他の動物や微生物にもフェロモンが見つかっている。イモリにおいては、メスの飼育水中にオスを誘引する物質が分泌されており、ソデフリンと名づけられた（図９・６）。昆虫の性フェロモン

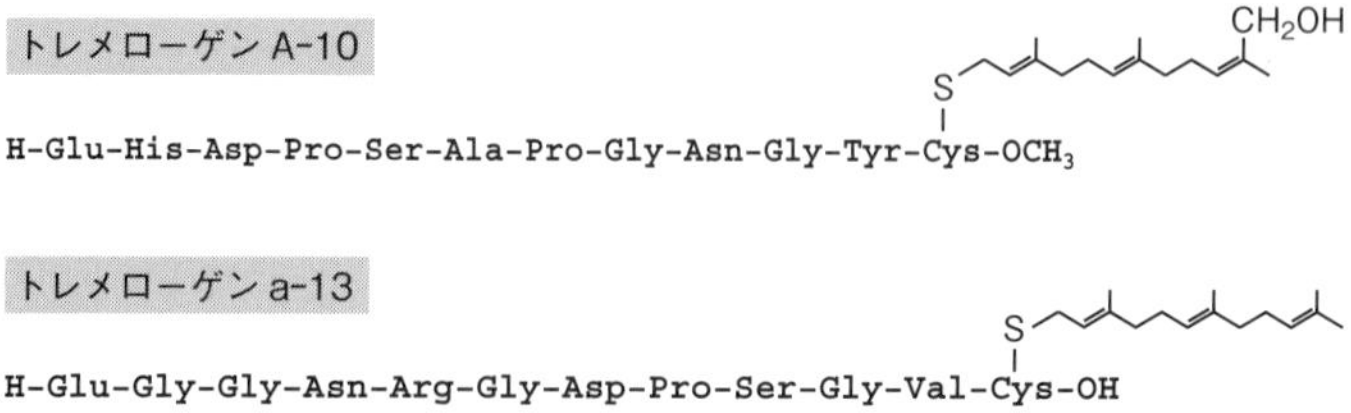

図9・7　シロキクラゲの接合フェロモン

は空気中に揮発することで作用するが、イモリのように水中で生活する動物では水溶性のペプチドを利用する。マウスやラットではオスの涙の成分に、メスに対して交尾行動を誘発させるフェロモンが存在する。これもペプチドである。両者が接触したときにオスの涙に含まれる性フェロモンがメスにわたされる。ヒトにもこのようなフェロモンが存在するかもしれないと興味がもたれたが、全ゲノムが解読された結果、類似のペプチドをコードする遺伝子は存在しないことがわかっている。

微生物においては、有性生殖をおこなう種では接合するためにフェロモンが利用されている。たとえば、中華料理の食材となるシロキクラゲにおいては半数体であるA型細胞とa型細胞が互いに相手の接合管を誘導するフェロモン（接合フェロモン）を分泌し、接合管が伸長し接合することで二倍体世代となる。A型細胞が分泌するトレメローゲンA-10およびa型細胞が分泌するトレメローゲンa-13はいずれもリポペプチドである。これらはペプチド鎖のカルボキシ末端のシステイン残基の硫黄原子に炭素鎖十五の脂溶性化合物（セスキテルペンという）が結合している（図9・7）。パン酵母においても同様に、接合フェロモンはペプチドである。そのほか、水カビやケカビの接合フェロモン、腸内細菌である腸球菌でも性フェロモンが見つかっている。

第10章　火落酸――清酒からの大発見

清酒の醸造は、江戸時代以前から数々の経験をもとに培われてきた日本の伝統技術である。できあがった清酒の貯蔵期間中に頻繁におこる腐敗は、酒蔵泣かせの大きな問題であった。その後、この腐敗は日本酒が大好きな乳酸菌によりひきおこされ、清酒づくりに欠かせない麹菌がつくる化学物質を利用して繁殖することがわかった。この化学物質は日本人によって発見され、「火落酸」とよばれた。その後、「火落酸」がわれわれにとっても重要な物質であることが明らかとなった。

お酒と火入れ

清酒は黄麹菌がつくりだすアミラーゼという酵素によって米のデンプンをブドウ糖に分解し、そのブドウ糖を酵母がアルコール発酵することでつくられる。できあがった清酒は低温殺菌して貯蔵する。通常、五十～六十度で五～十分ほどの処理をする。この低温殺菌を「火入れ」という。火入れはすでに室町時代末期からみられた日本独特の技術である。火入れの回数によって、酒の種類が分かれる（図10・1）。火入れをしないものを生酒といい、冷で飲むとおいしいが、賞味期限は短い。火入れを一回した生貯蔵酒は、冷暗所において一年ほどもつ。火入れを二回した一般酒は、未開封であればその味わいはずっと保たれる。

このような低温殺菌に科学的な根拠をあたえた人物がL・パスツールである。一八六五年のことであり、以来低温殺菌のことをパスツリゼーションとよんだ。パスツールは自然発生説を実験にもとづいて否定したことで有名であるが、微生物がもっている基本的な性質とともに、発酵などの特殊な能力をつぎつぎと明るみにしていった。低温殺菌もその研究のなかで生まれた。現在では、さまざまな食品において低温殺菌がなされているが、食品としての品質を保ち、微生物の殺菌あるいは一時的にその生育を抑える技術として定着している。

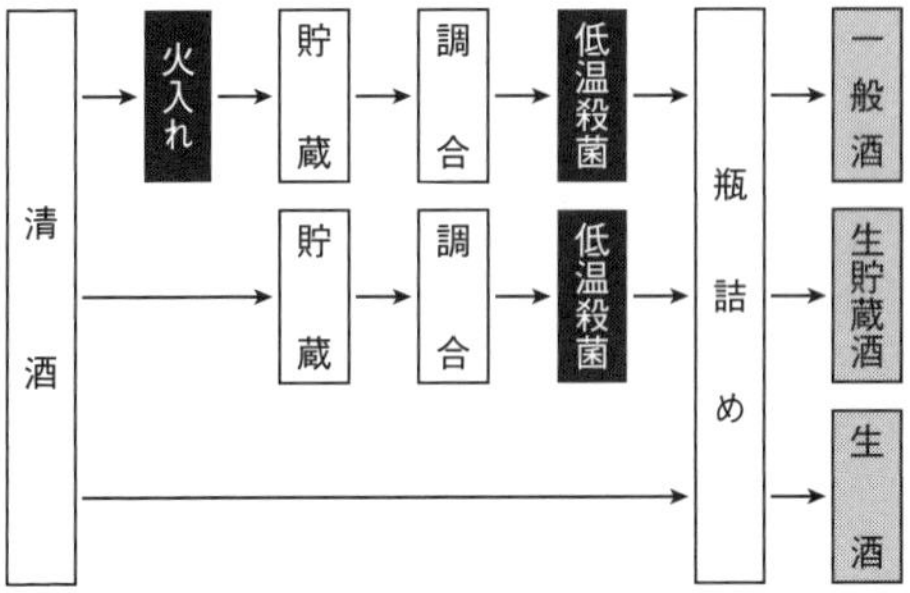

図 10・1　お酒と火入れ　火入れの回数によってお酒の種類が分かれる

火落ちは酒蔵泣かせ

江戸時代およびそれ以前には清酒の醸造に木製の樽が用いられ、完全に殺菌することができなかった。そのため、清酒の貯蔵期間中に雑菌が生じ、酸っぱくなったり、白く濁ったり、異臭がしたりして、売り物にならず、酒蔵泣かせの大きな問題となっていた。明治以後、この現象を「火落ち」とよんだ。昔から大酒屋の没落や破産はこの火落ちが原因となることが多かった。明治になって防腐剤としてサリチル酸を用いたりしたが、現在では完全に殺菌することが可能となり、防腐剤は添加されていない。しかし、家庭でいったん開栓したあと、放置しておくと火落ちがおこるので注意が必要である。

一八八一年に御用外国人教師（東京大学理学部）であった英国人R・W・アトキンソンがこの雑菌をはじめて顕微鏡で観察し、スケッチした。彼は明治初期に学生に化学を教え、わが国の化学の基礎を築いたばかりでなく、化学的見地から清酒醸造の調査をおこなった。このとき、彼は理にかなった低温殺菌が日本古来の伝統技術であったことに驚きをみせている。

火落ちの原因はお酒好きの乳酸菌

一九〇六年に東京帝国大学農科大学の高橋偵造は清酒に生じる雑菌には三種類あり、そのなかの一種は通常の天然培地では生育せず、これにお酒を一割ぐらい入れると生育することをはじめて明らかにし、この菌を「真正火落菌」と名づけた（図10・2）。真正火落菌は乳酸菌の一種で、普通の微生物は清酒のようにアルコール濃度が高い環境では死滅してしまうが、この菌は清酒中にある未知の生育因子によって生育することができる。また、アルコールも生育には不可欠であり、六〜八％のときがもっとも良い条件といわれている。

その後、この生育因子についての研究はあまり大きな進展はみられなかったが、ちょうど五十年後の一九五六年に高橋の流れをくむ田村學造によって生育因子の正体が明らかにされた（図10・3）。田村はこの研究をやるにあたって師であり、お酒の権威でもあった坂口謹一郎教授から当時ブームになっていた抗生物質研究をやるか、それともバイオアッセイをやるかと聞かれ、後者を選んだとい

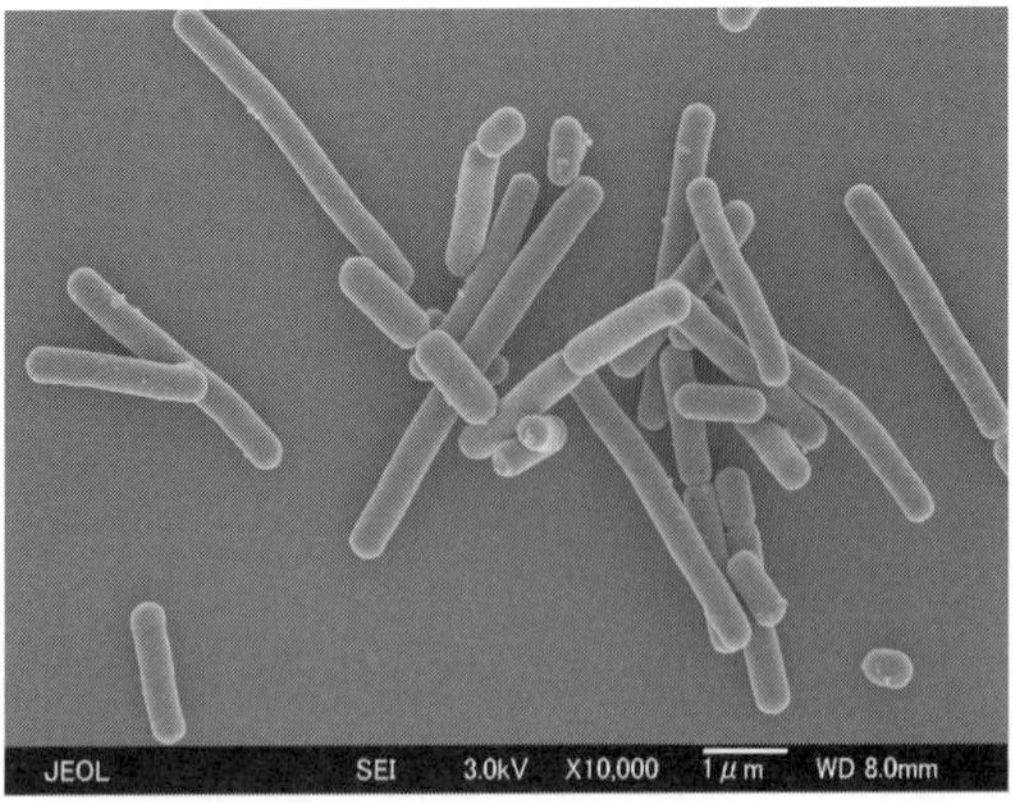

図 10・2　火落菌の電子顕微鏡写真　資料提供：独立行政法人酒類総合研究所

図 10・3　田村學造　東京大学農学部微生物学研究室提供

う。ここでいうバイオアッセイとは、当時ようやく純粋なアミノ酸やビタミンが入手できるようになり、組成をさまざまに変化させた合成培地をつくることが可能になったので、この合成培地（この合成培地だけでは火落菌は生えない）にあるものを加えて火落菌が生育するかどうかを観察することによって、あるものの中に火落菌の生育因子があるかどうかを調べる方法である。このバイオアッセイを用いて、合成培地に清酒を十％加えると、火落菌はよく生育した。清酒の濃度を落としていくと、だんだん生育が悪くなったことから、清酒の中に確かに生育因子が含まれていることがわかった。このバイオアッセイを用いて火落菌の生育因子をつくる菌株を調べた結果、清酒の醸造に必要な黄麹菌がこの因子を大量につくることがわかった。そこで、黄麹菌を大量に培養してその培養液から精製し、最終的にキニーネ塩として結晶化することに成功した。田村はこの化合物が酸性であることから「火落酸」と名づけた。火落酸の化学構造は、組成式やその他の性質から五つの可能性に絞られ、それらをすべて化学合成して生育因子としての活性を調べた結果、そのなかの一つであることを明らかにした。この化合物には遊離形とラクトン形がある（図10・4）。

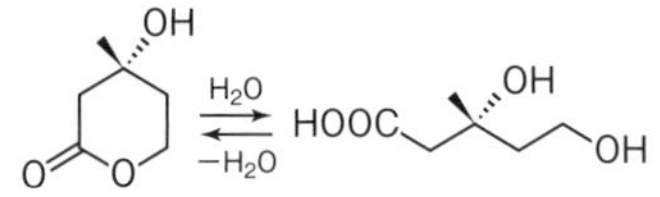

図10・4　火落酸（メバロン酸）の構造

田村は最初、火落菌の生育因子の研究をやっていたが、のちに抗生物質研究に転じ、多くの新たな生物活性物質を発見した。なかでも放線菌（図12・1参照）の一種がつくる、糖タンパク質における糖鎖の合成阻害剤であるツニカマイシンの発見は画期的な成果となった。これは薬としては実現しなかったが、いまでも生化学の重要な試薬として世界中で使われている。

火落酸とメバロン酸

時を同じくして、米国の大手製薬会社メルク社のC・フォーカスのグループが類似の実験をしていた。彼らは当時すでにビタミンの研究で著名な化学者であり、酢酸が生育に必須である乳酸菌の一種において酢酸の代わりになるものを探していた。そして、ウイスキーの蒸留廃液中に発見し、彼らはこの化学物質を純化して、「メバロン酸」と名づけ、構造式を提出した。その構造式は田村の火落酸と同じであったので、田村とフォーカスは試料を交換して比較しあい、火落酸とメバロン酸が同一化合物であることを確認した。興味深いことに、いずれもお酒が原料であるが、前者は麹菌が、後者は酵母が生育因子をつくっていたことになる。

イソプレノイド生合成の解明

このように火落酸の発見は、日本酒の腐敗現象およびそれに関与する細菌の特性を明らかにしたが、もうひとつ大きな役割を果たした。それはイソプレノイド生合成の解明に対する基礎を築いたことである。火落酸の発見当時、その生合成についてはあまりわかっていなかった。しかし、メルク社ではコレステロール生合成の研究が進んでいて、しばらくしてからメバロン酸がコレステロール生合成における中間体であることが明らかとなった（図10・5）。火落酸はある種の乳酸菌の生育因子として見いだされたが、メバロン酸がイソプレノイド生合成の経路における中間体であるという重要性のほうが大きかったために、以後この化合物はメバロン酸とよばれた。同一化合物の火落酸がまったく同じ時期に発見されたにもかかわらず、日本人にとってなじみのある名前が消えてしまったのはとて

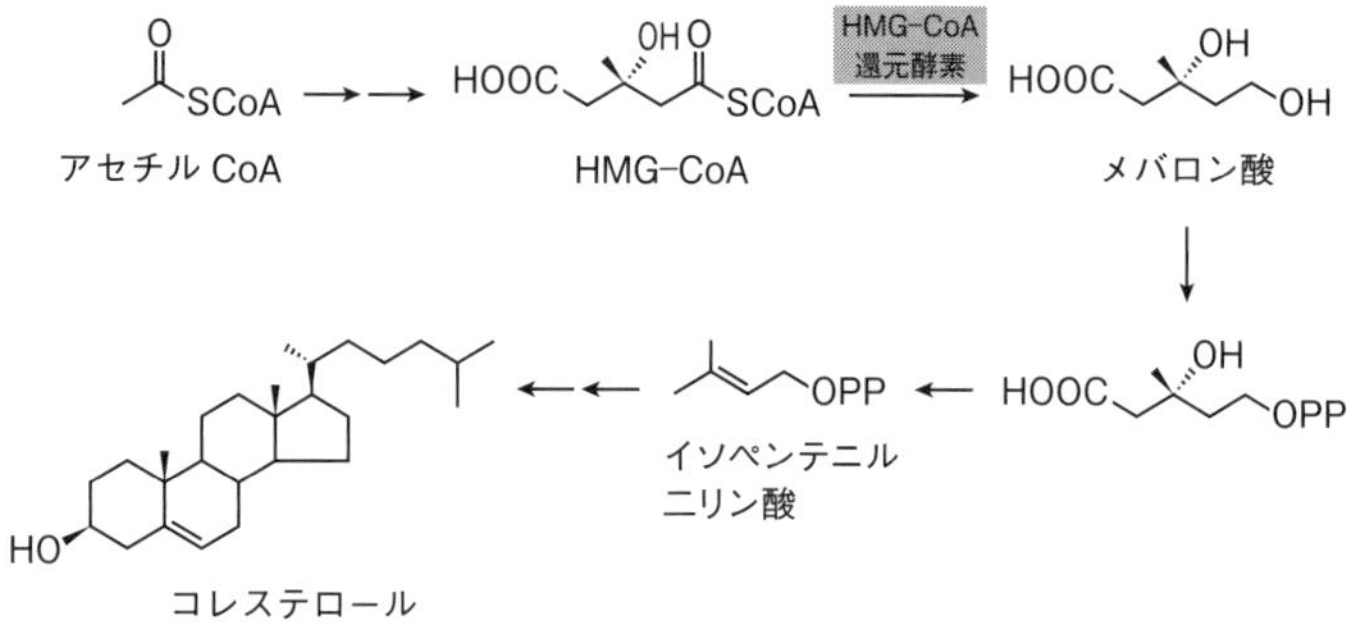

図10・5　コレステロールの生合成経路

も残念なことである。

火落酸がもたらした新たな恩恵

火落酸の発見によってコレステロール生合成の経路が明らかになったことで、新たな恩恵がもたらされた。

コレステロールは細胞膜の成分であり、ホルモンやビタミンの材料となる化合物として重要である。その一方で、血液中の濃度が高すぎると、健康にさまざまな悪影響をおよぼす。血液中のコレステロールは、肝臓で合成されるものと食べ物から摂取されるものに由来する。その総量を低下させるためには、これら二つの要因を減らすことが重要となる。図10・5からわかるように、HMG-CoA還元酵素は肝臓でのコレステロール生合成において重要なはたらきをするため、この酵素を阻害することで血液中のコレステロール濃度を低下させることができないかと考えられていた。

そのような物質が世界にさきがけて、一九七三年に三共株式会社（現第一三共(株)）の遠藤章らによって発見された。彼らは六〇〇〇あまりの微生物やカビを調べ、ついに青カビの一種

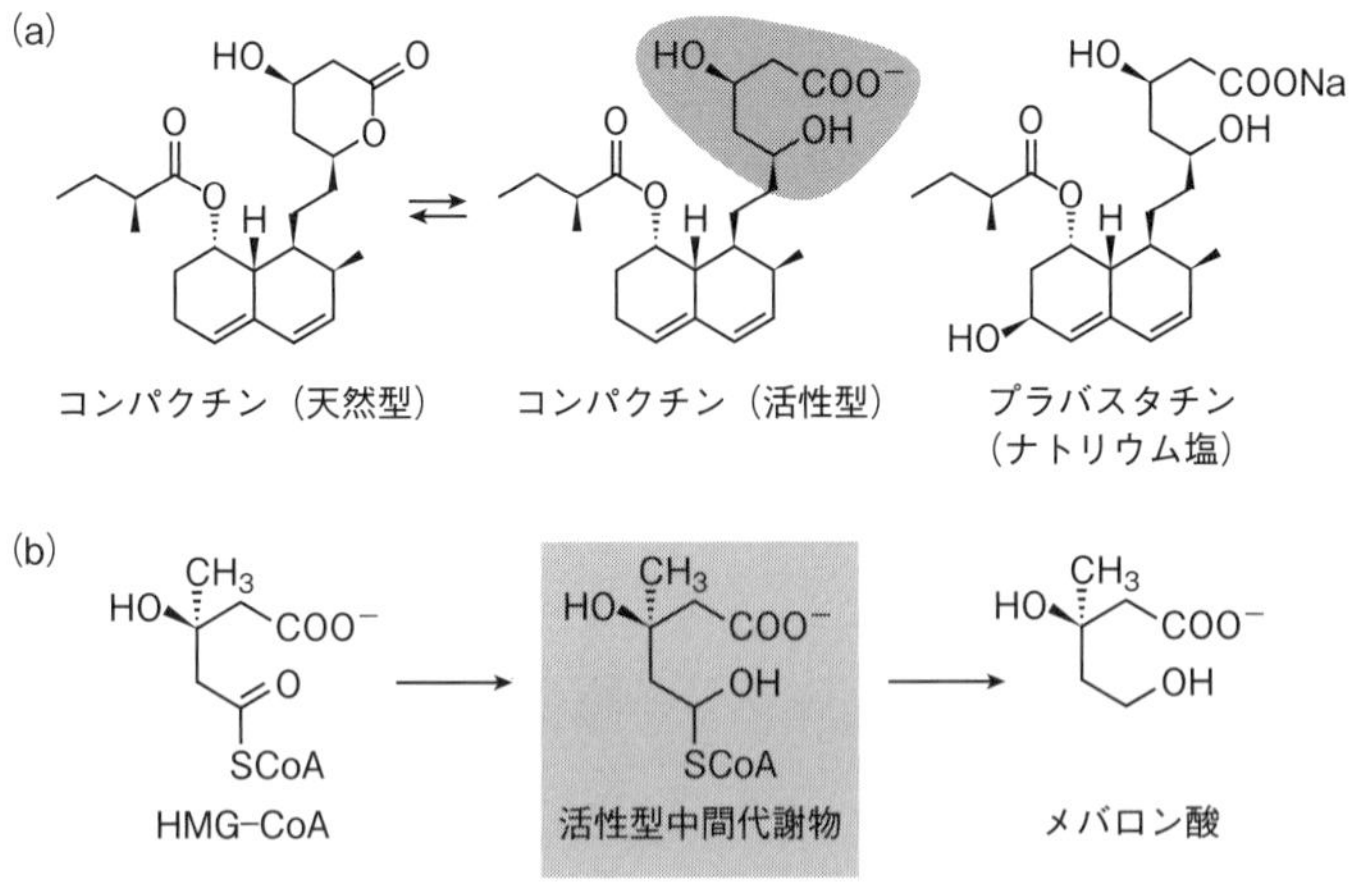

図 10・6　スタチンの構造と活性型中間代謝物の類似性

がつくる二次代謝産物に阻害効果があることを見いだし、コンパクチン（メバスタチン）と名づけた。残念ながらラットに対して効果が弱いことおよびイヌに対して副作用の可能性が示されたことから、その開発は一時中止を余儀なくされたが、一九八〇年代の後半になって同じくカビ由来のロバスタチン（メルク社）やプラバスタチン（三共株式会社）などの安定性がより高く、効果の強い物質が発見された（図10・6 a）。さらに現在にいたるまで、アトルバスタチンなど化学合成によるものを含めて数種類のスタチン系高脂血症治療薬が商品化されている。これらのスタチンは、図10・5に示したコレステロール生合成の中間体であるHMG–CoAをメバロン酸へ還元する酵素を競争的に阻害する。つまり図10・6 bのように、HMG–CoAがメバロン酸に変換されるときの活性型中間代謝物の構造がスタチンの一部分と類似しており、この酵素がHMG–CoAではなくスタチンと結合することではたらきを失うために、コレステロール生合成が抑制される。

火落菌の全ゲノム解読

近年、生命科学における分析機器の急速な発展にともない、ゲノムサイズの比較的小さい細菌の全ゲノムがつぎつぎと明らかにされている。火落菌の全ゲノム解読もなされた。その結果から、火落菌が火落酸をなぜ必要とするのかという疑問に答えられるようなった。本来、火落菌はメバロン酸を経由するイソプレノイド生合成をおこなっていた。ところが、この経路の最初の二つの酵素に関する遺伝子に変異（塩基配列の変化）があり、それらの酵素が生産できないために火落酸をつくれなくなっていた。そのため、火落菌は重要なイソプレノイドを合成できず、生育するためには外から火落酸をとりいれる必要があったのだ。これも他の生物がつくった物質を利用して生き延びるという重要な「化学戦略」のひとつといえる。二〇〇六年にこのことが明らかとなったが、これは高橋が生育因子の存在を予見してからちょうど百年、田村が火落酸を同定してから五十年という節目の年であった。

しかし、火落菌がなぜ高いアルコール濃度で生育できるかという疑問には依然として答えられていない。一方、清酒をつくる麹菌の全ゲノム解析もおこなわれたが、なぜ麹菌が大量の火落酸を体外に放出するのかについてもまだわかっていない。

第11章　世界初の農業用抗生物質

感染症との闘いは、人類が誕生したときからすでにはじまっていた。その根本的な治療法は見つからず、長いあいだ大きな脅威となっていた。そして、ようやく二〇世紀になって治療薬である抗生物質の発見により、感染症がかなり克服できるまでになった。しかし、新たな感染症や耐性菌の出現など、その闘いは日々つづいている。一方、あまり知られていないかもしれないが、作物や家畜などに対する抗生物質も開発されている。とくに農業においては、植物病原菌の防除のための抗菌剤が必須であり、わが国は農業用抗生物質を世界にさきがけて開発した。ここでは、農業用抗生物質がどのように誕生したかを中心にみていこう。

抗生物質の発見

一九二八年、英国のA・フレミングはペトリ皿の寒天培地に生やした黄色ブドウ球菌（食中毒や肺炎などをおこす病原菌）のコロニーが雑菌（アオカビ）の混入により、二つの菌の接触部分で黄色ブドウ球菌が死滅して溶解していることに気がついた。この現象はアオカビが外に分泌する物質によってもたらされた。これが抗生物質の最初の発見となった。翌年、フレミングは論文として公表し、こ

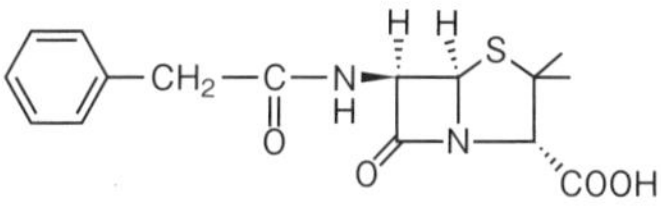

ペニシリンG

図11・1　ペニシリンの構造

の物質をアオカビの学名（*Peniculium chrysogenum*）にちなんでペニシリンと名づけた。しかし、だれもこの論文に注目しなかった。医者は単に実験室の話題という程度にしかとらえていなかったようだ。また、前例がなかったために将来これが医薬品に発展すると考えた人はほとんどいなかったためであろう。

このフレミングの論文は、一九三九年になってようやく英国のH・フローリーとE・チェインによって日の目をみることになった。おそらく第二次世界大戦で戦傷者や戦病者に対する医療問題が浮上し、それまで抗菌剤として使われていたサルファ剤が限られた範囲でしか効かなかったことによるものと思われる。彼らはアオカビの培養液から抗菌物質を精製した。しかし、英国での研究に限界を感じ、培養技術の先進国である米国にわたり、農務省北部農学研究所の援助によってペニシリンを工業的に生産することに成功した。ペニシリンは当時、戦争で傷ついた多くの兵士の命を救った。フレミング、フローリー、チェインの三名はこの功績によって一九四五年にノーベル医学生理学賞を受賞した。ペニシリンは独特の化学構造をもつため（図11・1）、その構造決定は困難をきわめたが、一九四五年に成し遂げられた。さらに、一九五七年になってようやく化学合成が実現した。

日本における抗生物質研究

第二次世界大戦中、日本は欧米でペニシリンの研究が進んでいることをまったく知らなかった。一九四三年の暮れに、同盟国であったドイツから送られてきた医学雑誌にペニシリンに関する論文が掲載されていて、はじめてその存在と重要性に気づかされた。さらに、ペニシリンが英国首相チャーチルの急病を救ったことが報じられる（あとで、誤報とわかる）と、ただちに陸軍軍医学校で「ペニシリン類化学療法剤の研究」が開始された。陸軍軍医少佐稲垣克彦を中心に各学界から専門家約十五名を集めてペニシリン委員会がつくられ、東京大学農学部からは坂口謹一郎、藪田貞治郎、朝井勇宣、住木諭介の四名が参加した。このグループは、のちに抗生物質の農薬への応用に関する研究にひきつがれる。当時、ペニシリンも敵性語とみなされ、「碧素（へきそ）」と改められた。碧素委員会ではペニシリン生産菌の探索からはじめて、抗菌力の測定、大量培養へと進んでいったが、戦時中の物資の不足により思うような活動はできなかった。それでも、終戦前には少ないながらペニシリンを生産することが可能となった。戦後になってからも、このときに培われた抗生物質の探索や培養の技術は受け継がれ、日本はこの分野の研究で世界をリードし、多くの抗生物質の実用化に貢献した。

「いもち病」の防除

イネにとって最大の病気はいもち病である（図11・2）。いもち病菌という糸状菌（カビ、真菌）によってひきおこされ、葉に感染すると葉を枯らし、穂に感染すると実らなくなる。いったん発生すると、コメ農家に大きな打撃をあたえる。いもち病の防除に対して、第二次世界大戦後に登場した水銀剤（酢酸フェニル水銀）が劇的な効果を示したので、しばらくのあいだ利用され、収穫も著しく増加した。しかし、水銀剤のヒトに対する毒性が問題となり、新たな防カビ剤の開発が望まれていた。

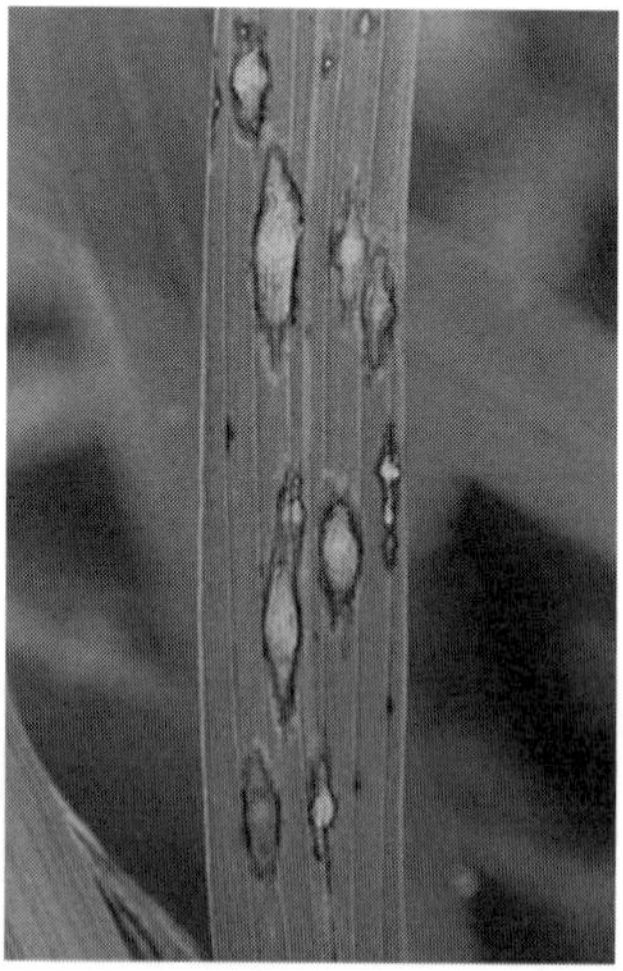

図11・2　いもち病にかかったイネ
病斑がみられる．島根県農業技術センター提供

農業用抗生物質の開発

当時、すでに医薬品としての抗生物質を農業に応用する研究が米国でおこなわれていた。一九四八年、東京大学農学部の住木諭介は国際学会に出席したさいにこの状況を知り、日本でもやってみようと考えた。研究対象には「いもち病」を選んだ。そして、一九五〇年に産学官による一大プロジェクトがはじまった。大戦中に碧素委員会に参加していた住木グループでは微生物の探索を、農林省農業技術研究所ではイネを用いた生物検定を、田んぼレベルの試験を地方の農業試験場や農薬会社などでおこなった。

微生物の探索では、まず多くの微生物を採集する。そして、それぞれの微生物を純粋に分離、培養し、実験室内でその培養液のいもち病菌に対する抗カビ活性を測定する作業がおこなわれた。通常、微生物は土壌から分離することが多いが（第12章参照）、このとき全国の農業高校にお願いしてさまざまな土が集められた。これらの土から分離した約一万株の培養ろ液の抗カビ活性から、放線菌一四〇株が選抜された。さらに、イネに感染させたいもち病菌に対する抗菌活性を調べた結果、十二株が選抜された。そして、最終的には一株だけが非常に強い抗菌活性を示した。本菌は和歌山県雑賀崎の土壌から分離された菌株であった。これを大量培養し、培養ろ液から有効成分としてブラストサイジンA、B、C（ブラストは「いもち病」、サイドは「殺す」の意）の三つの化合物が得られた。このうち、Aの化学構造だけが決定されている（図11・3）。三者のうちAの生産量がもっとも多く、以後の試験はAを用いておこなわれた。

ブラストサイジンに加えて、製薬会社や農薬会社で選抜された化合物についても全国的に試験がおこなわれたが、ブラストサイジンAを含めていずれも水銀剤ほどの効果は得られなかった。これは野外の田んぼでは、いずれの化合物も紫外線によって容易に分解されるため、その効果が発揮できなかったためである。この点は医薬品としての抗生物質とは事情が異なるところである。

そして再出発

研究はここまできて、振り出しにもどってしまった。ところが、ちょうどタイミングよく住木グ

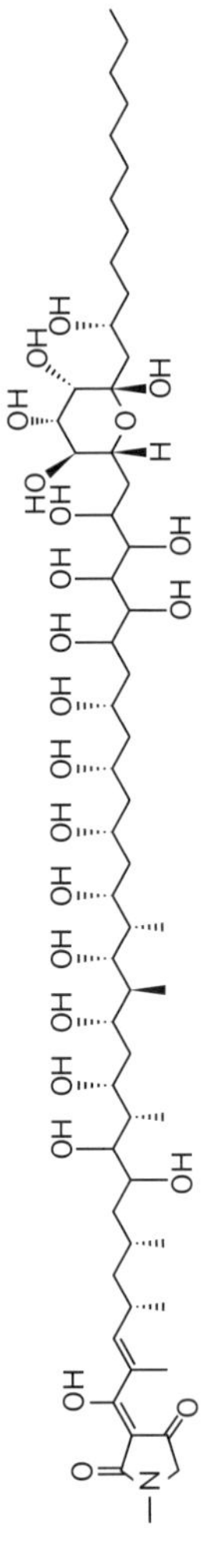

図 11・3　ブラストサイジン A の構造

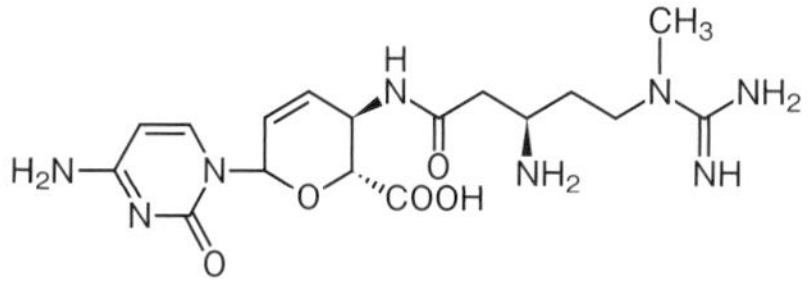

ブラストサイジンS

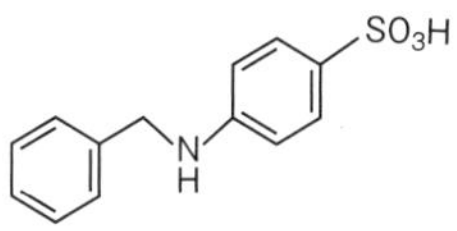

ベンジルアミノベンゼン
スルホン酸

図11・4　ブラストサイジンSおよびベンジルアミノベンゼンスルホン酸の構造

ループから研究をひき継いだ東京大学応用微生物学研究所の米原弘らは一九五八年にブラストサイジンA生産菌がつくる水溶性物質を結晶化することに成功した。この化合物はブラストサイジンSとよばれた（図11・4）。しかし、ブラストサイジンA、B、Cに比べて、実験室内での抗カビ活性が強くないことがわかり、そのまま注目されずにいた。ところが、ブラストサイジンSを温室内で試験したところ、意外にも水銀剤と同等あるいはそれ以上の抗いもち病菌活性を示した。このような予想外の結果はまれに経験することであるが、悪い結果が出ることはあっても、思ったほど良い結果が得られることはほとんどない。

一方、この薬剤を高濃度で使うとイネが枯死するという問題がおこった。その原因は、ブラストサイジンSが水溶性であるので高濃度にするとすべてが一度に植物に吸収されて薬害が出たためと考えられたので、水に対する溶解度を下げて徐々に溶けだすようにすれば、薬害が軽減できるのではないかと思われた。そこで、ブラストサイジンSをいろいろな塩にして全国的に試験したところ、ラウリル硫酸塩を使えばこの薬害がほとんど改善され、いもち病を防除できることがわかった。ラウリル硫酸は陰イオン性界面活性剤であるが、その後、両

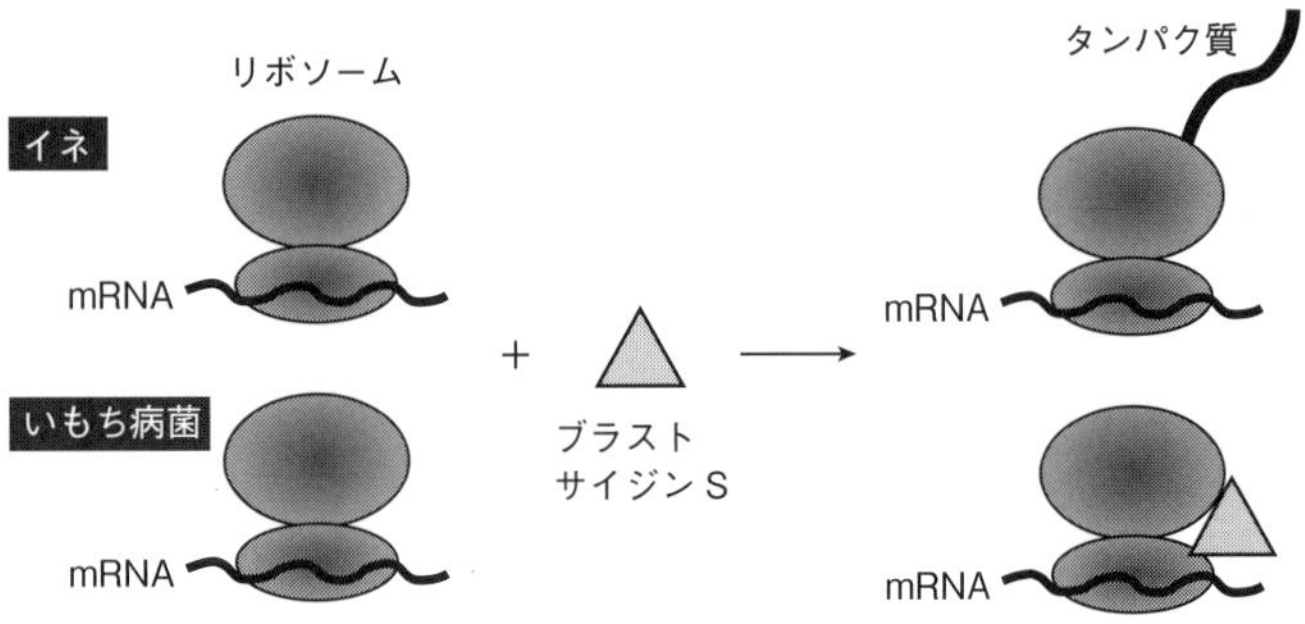

図 11・5　ブラストサイジン S の選択的タンパク質合成阻害　ブラストサイジン S はイネよりも，いもち病菌のリボソームに選択的に結合し，タンパク質合成を阻害する

性界面活性剤であるベンジルアミノベンゼンスルホン酸塩がより効果的であると判明した（図11・4）。一方、この薬害はヒトに対してもおこり、農薬散布者において眼の障害が生じた。これに対しては、酢酸カルシウムを加えることによって飛躍的に軽減できることがわかった。こうして、いもち病に対する新しい薬剤の開発がようやく達成された。

ブラストサイジンSの化学構造と作用のしくみ

一九六三年に同研究グループによってブラストサイジンSの化学構造が決定された（図11・4）。この化合物は核酸塩基の構造を部分的にもつことからヌクレオシド系抗生物質とよばれる。細胞内のリボソームに結合することで、タンパク質合成におけるペプチド鎖の伸長反応を阻害する。そのさいに植物のリボソームといもち病菌のリボソームを見分けることができ（図11・5）、これが高い選択性を生みだしている。

新たな開発に拍車

このようにして、ブラストサイジンSは世界初の農業用抗生物質として実用化された。このことは産学官が一体となり、異例ではあるが全国の農業高校の協力があってはじめて成し遂げられた貴重な成果といえる。そして実際に水銀剤が禁止になってからは、農業用抗生物質がかなりの割合で使用されるようになった。

ブラストサイジンSの成功をきっかけとして、農業用抗生物質の開発に拍車がかかる。その後、ブラストサイジンSよりもすぐれたカスガマイシン、ポリオキシン、バリダマイシンなどが発見され、同様の試験をへて実用化されている。

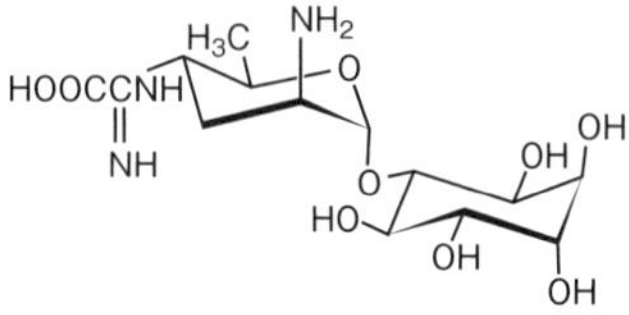

図11・6　カスガマイシン

図11・6に示したカスガマイシンは奈良の春日大社の境内の土から分離された放線菌がつくる抗いもち病菌抗生物質であり、第二次世界大戦中につくられた碧素委員会のメンバーのひとりであった梅澤濱夫らにより発見された。カスガマイシンはアミノ基を含む糖を構成単位にもつことからアミノ糖抗生物質に分類されている。カスガマイシンはブラストサイジンSと同様の作用を示し、リボソームに結合してタンパク質合成の開始反応を阻害する。

第12章　新しい免疫抑制剤の発見

わが国で画期的な免疫抑制剤が開発された。約二万株の微生物の中から、筑波山のふもとで採取された放線菌からはじめて有効な化学物質が見いだされた。これは、土の中から万が一の確率で宝物を探しあてるようなものである。この免疫抑制剤の発見の裏にはさまざまな苦労があり、日本の抗生物質のすぐれた探索技術がこの開発につながった。

抗生物質から他の医薬品へ

一九二八年に英国のA・フレミングがペニシリン（第11章）を発見して以来、現在までに数万種類もの抗生物質が見つけられ、そのうち百種類ほどが医薬品として使用されている。最初は病原菌に対する抗菌活性を目標に探索されたが、その過程で微生物が他の生物にはつくれない複雑な構造をした有機化合物を生みだす能力をもつことが明らかとなった。これをきっかけとして、感染症だけでなく、他の疾患に対しても有効な薬剤として可能性をもつ物質の探索がはじまった。その結果、さまざまな活性をもつ化合物が見つかり、天然のまま、あるいはより強力で、選択性があり、副作用の少ないものに人工的に変換して実用化されている。

微生物がつくる二次代謝産物の多様性

抗生物質が発見される以前にも微生物が特異な化合物をつくることは知られていた。一般に、生命活動を維持していくうえで必須の化合物は一次代謝産物、そうではない化合物を二次代謝産物とよぶ。二次代謝産物は無意味につくられているわけでなく、生存にとって何らかの役割をもつかもしれないが、いまのところ抗菌活性以外には明確な作用がわかっていない。むしろ、ヒトの立場から二次代謝産物を利用することに観点がおかれている。本書においては、微生物が生産する有用な二次代謝産物として、ジベレリン（第1章）、スタチン類（第10章）、ペニシリン（第11章）、ブラストサイジンS（第11章）、フグ毒（第14章）をとりあげた。

図 12・1　放線菌　「微生物 Our Invisible Partner 顕微鏡の世界」，明治製菓株式会社編から許可を得て転載

微生物の収集

目的の活性をもつ化合物を得るには、まず多様な微生物を収集する必要がある。微生物には、真正細菌、放線菌（真正細菌の仲間）、古細菌、真菌（酵母やカビ）などがいるが、このうち放線菌がこれまで医薬資源の主要な宝庫となってきた。放線菌は土壌中をすみかとしており、単細胞状である真正細菌とは異

図12・2　土壌のサンプリング　10 cm 程度の深さの穴を掘り(左)，その深さの部分から土壌を採取する(右)．著者撮影

なり、分岐した菌糸を形成する（図12・1）。この分野の研究者はどこへ行くときでも小さなビニール袋を必ず携帯し、その土地の土壌を五～十グラムほど採集して、実験室に持ち帰る（図12・2）。そして、土壌試料を希薄な水溶液にして、シャーレの中の栄養分を含む寒天培地に塗布し、分離培養をおこなうことで、多くの菌株を集める作業をくり返してきた。このため、大学の研究室や製薬会社には何千、何万株の菌株のストックがある。また、公的な機関でストックし、研究者からの依頼に応じて菌株を分けあたえるシステムも確立されている。初期のころは、数千株に一つヒットすれば幸運であったが、徐々に当たる確率は減少してきており、より多様な微生物資源のストックが求められている。そのために最近では、海洋（特に深海）の微生物、温泉の微生物、南極などの寒冷地のような特殊な環境で生育している微生物（第13章）を世界中から収集する作業がおこなわれている。しかし、効率を重視するなかで微生物起源の新規化合物を探索する

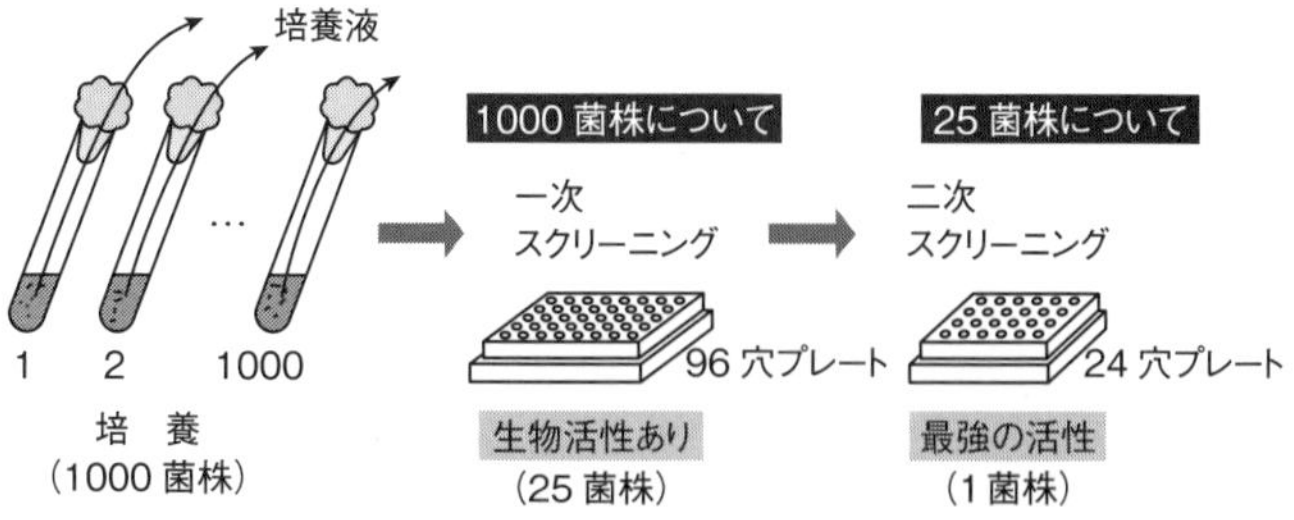

図 12・3　スクリーニングの概要　この図は 1000 菌株の中から一次，二次スクリーニングをへて最強の活性物質を生産する菌株にしぼっていく過程を示している

チャンスは少しずつ減少している。

スクリーニング

スクリーニングについてはすでに第11章でも簡単にふれたが、ここで少し詳しく説明しよう（図12・3）。いざ、スクリーニングをしようとすると、それらの菌株のストックから微生物を個別に培養してその培養液中に有効物質を分泌していないかどうか、あるいは菌体内に貯蔵していないかどうかを調べることになる。そのさい、目的の活性を調べるための生物検定法がきわめて重要になる。後述する免疫抑制物質の発見の場合、その検定法が鍵となった。効率化された単純な系では一度に多くの検体（たとえば、九十六検体や三百八十四検体）を短時間でおこなうための器械も開発されており、ハイスループット・スクリーニングとよばれている。しかし、このような方法に適さない場合もある。さらに検定では、数値以外にも実験者の観察眼が重要になることもある。

検定は、最初は一次スクリーニングで広く浅く可能性のあるものをひろいあげ、つぎに二次スクリーニングで産生菌をしぼり込んでいく。たとえば、一次スクリーニングは細胞レベルの検定、二次スクリーニングは組織レベルの検定というぐあいである。創薬においては、さらにマウス、ラットやサルのような哺乳動物を用いた試験、そして最終的にはヒトに対する試験が必要となる。そのあいだ、化合物の精製および構造解析、誘導体の作製と活性試験、さらには副作用や細胞毒性試験など、乗り越えるべき山がたくさんある。また、各段階には独自のノウハウがあり、成功のためには多くの専門分野の研究者の総合的な力が重要となる。

免疫抑制剤の必要性

生物は自分の体内に侵入してくる異物を排除するはたらき、いわゆる免疫系をもつ。わが国での臓器移植は、欧米諸国と比べてまだ少ないが、法律も施行され徐々に増えてきている。このさいに他者の臓器を異物として排除しようとする事態に直面する。そのため、自己の免疫系のはたらきを抑えるための薬剤が必要となる。このような免疫抑制剤として、欧米では以前からシクロスポリンA（図12・4）が使われていた。この化合物は環状のペプチド化合物であり、多くのアミドの窒素（N）がメチル化され、水素結合ができないために特異な立体構造をもつ。一九七〇年に抗真菌物質として得られ、のちに免疫抑制作用があることがわかった。腎臓、骨髄、心臓などの臓器移植の場合に幅広く使用されていた。ただし、副作用が強いという大きな欠点がある。そこで、副作用の少ない薬剤の開発が望まれていた。このような状況のもと、藤沢薬品工業(株)(現アステラス製薬(株))では一九八〇年前半から新しい免疫抑制剤の開発研究にとりくんだ。以下、同社での発見から、実用化にいたるまでの経緯について話そう。

新しい免疫抑制剤の生物検定法

すでに序章で述べたように、生物活性物質を探索しようとすると目的の物質の活性を検定するための生物検定法が必要になる。ヒトの免疫系をつかさどるT細胞が活性化されると、IL-2（インターロイキン-2）とよばれる糖タンパク質の液性因子（サイトカインという）を産生分泌し、これがT細胞、B細胞、NK（ナチュラルキラー）細胞、単球・マクロファージなどにはたらいて、T細胞およびNK細胞では増殖と活性化を、B細胞では増殖と抗体産生能の増強を、単球・マクロファージでは活性化をおこなう。したがって、IL-2の産生を抑えれば、免疫系の反応を抑えることができる（図12・5）。

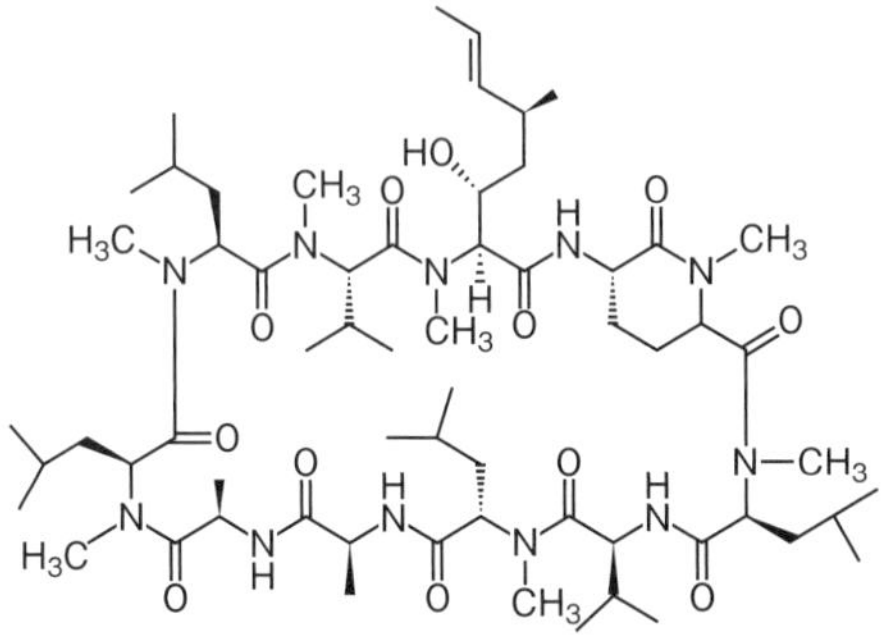

図12・4　シクロスポリンAの構造

検定には混合リンパ球反応が用いられた。この方法では、主要適合抗原の異なる二種類のマウス由来の脾臓細胞（T細胞を含む）を混合すると、互いに刺激を受けてIL-2を産生し、細胞が形態変化（幼若化）して増殖することを利用する。実際、この系に被検試料を加えて細胞のかたちを顕微鏡で一つずつ観察し、形態変化がみられない場合は定性的にIL-2産生が抑制されたと判定できる

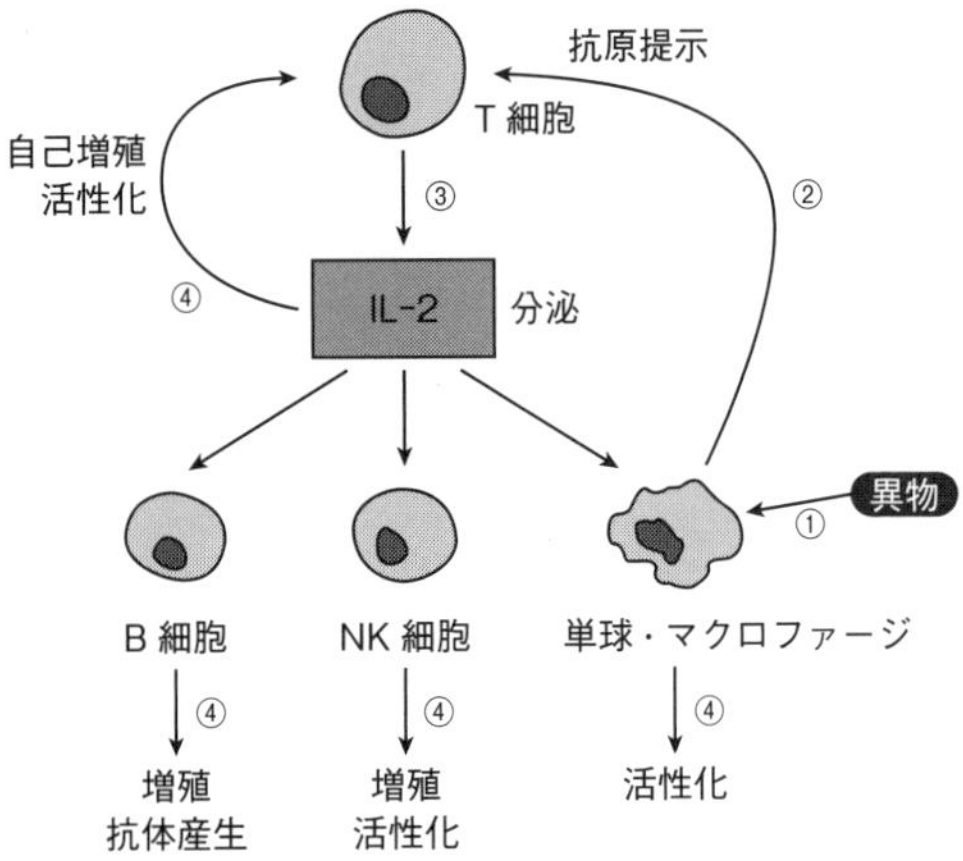

図12・5　IL-2をとりまく免疫系のしくみ　外から異物が侵入すると，単球・マクロファージは異物をとりこみ（①），分解したのち，T細胞に抗原として提示する（②）．T細胞はIL-2をつくり，分泌されたIL-2（③）は自身を活性化するだけでなく，B細胞，NK細胞，単球・マクロファージを活性化する（④）

（図12・6）。また、定量的なデータはトリチウム（放射性水素原子）で標識したチミジン（核酸の塩基の一つ）の細胞内へのとりこみ量で評価する。細胞が増殖するときにはDNAが複製され、このときこの試薬がとりこまれるので、これを抑制する試料が免疫抑制活性をもつ物質の候補となる。

地元での思わぬ大発見

約八千株のカビおよび約一万二千株の放線菌、合計約二万株の培養液について、約一年をかけて前述の生物検定系でスクリーニングをおこなった。その結果、一九八四年にある放線菌の培養液にIL-2産生を抑制する強力な活性があることがわかった。この放線菌は筑波山のふもとで採集した土壌から分離され

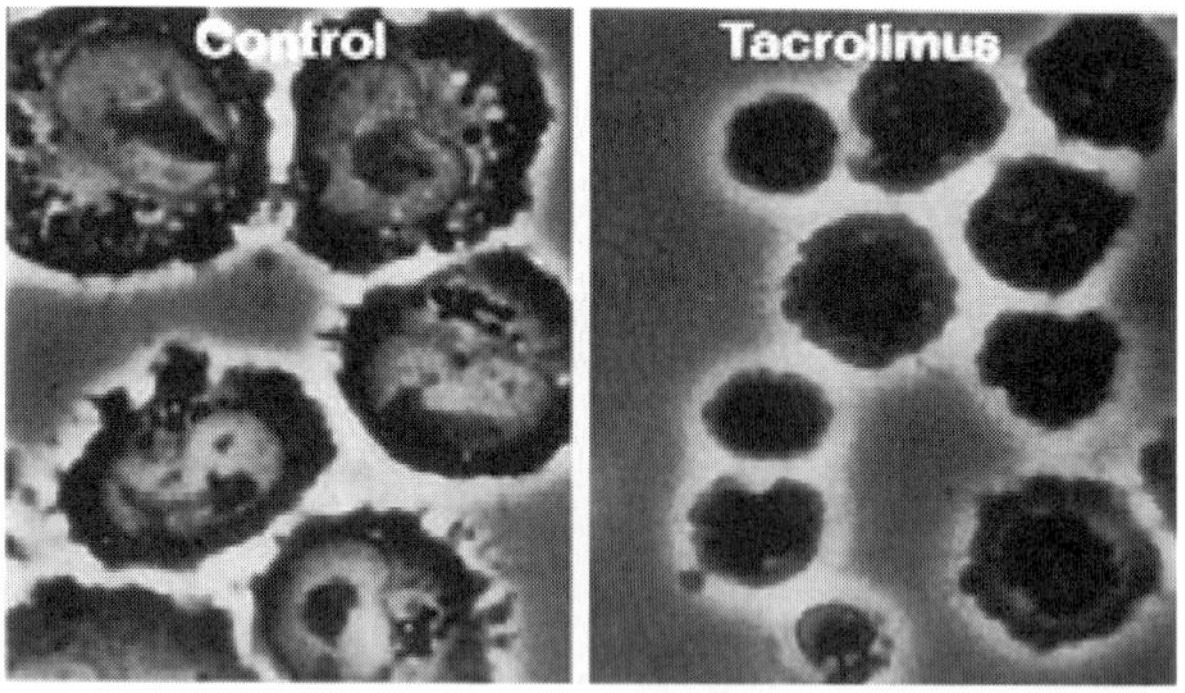

図 12・6　免疫抑制活性の判定　幼若化して分裂・増殖した細胞（左）に，FK506（タクロリムス）を加えると幼若化が抑制される（右）．山下道雄，「タクロリムス（FK506）開発物語」，生物工学会誌，91 巻，3 号，p.144（2013）の図 3 より許可を得て転載

た。すでにその前年に藤沢薬品工業（株）は筑波研究学園都市に探索研究所を発足させていた。当初は設備などがまだ十分に稼働できる状況ではなく、合間をぬってよく筑波山付近へ土壌採取に出かけていたようであり、このことが重大な発見につながったともいえる。その確率はなんと二万分の一であり、このような作業は金鉱を掘り当てる山師のようなものである。必ずしも成功は約束されていないが、有望な菌株が一つでも得られるとすべての苦労は報われる。その一方で、日の目を見なかった多くのプロジェクトがその裏に隠されている。

この放線菌を大量に培養し、千五百リットルの培養液から、溶媒抽出やクロマトグラフィーを用いた精製により単離し、再結晶化することによって十三・六グラムの結晶が得られた。この物質はFK506と表された。Fは藤沢、Kは開発のローマ字の頭文字、開発段階に入った五百六番目の化合物という意味である。化学構造の解析の結果、これまでに見つかっていない新しい構造をもつことがわかった（図12・7）。FK506は二十三員環のマクロライド、すなわち大環状のエステル構造をもつ。FK506はタクロリムス（Tacrolimus：つくば市Tsukuba＋マクロライドmacrolide＋免疫抑制剤immunosuppressant）と名づけられた。

この化合物が発見されたのちに、千個ほどの類縁化合物がつくられたが、FK506をしのぐものは得られなかった。FK506は既存のシクロスポリンに比べて、試験管内でのすべての試験においてより低濃度（十分の一～百分の一）で効果を示した。また、臨床試験においても同様の結果が得られ、しかも副作用の少ないことがわかり、「プログラフ」という商品名で、一九九三年以来日本をはじめ多くの国で普及している。現在、臓器移植だけではなく、自己免疫疾患の治療薬としても使用されている。たとえば、タクロリムスの軟膏剤がアトピー性皮膚炎の治療用に開発され、一九九九年に世界に先駆けてわが国で販売された。現在では、世界の多くの地域で広く使用されている。

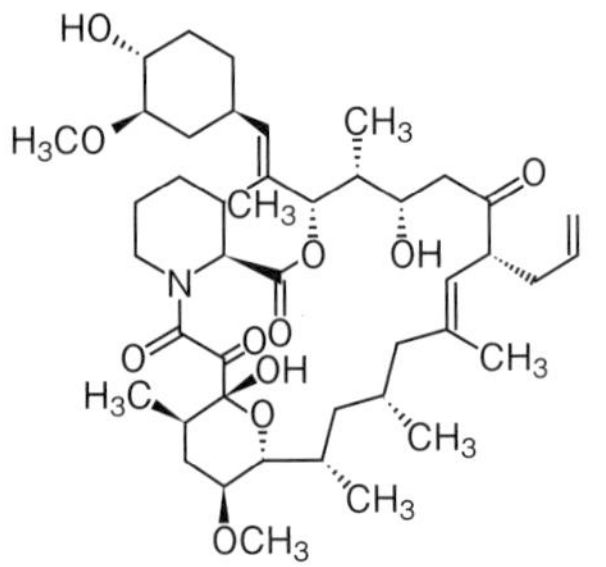

図12・7　FK506（タクロリムス）の構造

「タクロリムス」の作用のしくみ

つぎに、FK506によってIL-2産生を抑制するしくみについて調べられた。その結果、標的細胞内には特異的に結合するタンパク質（FKBP）が存在することが明らかとなった（図12・8）。FKBPは通常、カルモジュリンによってリン酸化されて活性化されたカルシニューリン（CN、タンパク質脱リン酸化酵素）に結合し、NFATタンパク質（T細胞活性化因子）を脱リン酸化することによって核内に移行させ、これがAP-1タンパク質と二量体を形成し、IL-2遺伝子の上流にある転写調節領域に結合して、IL-2遺伝子の発現を促進する。しかし、FK506が細胞内に入ってくると、FKBPはFK506／FKBP複合体を形成し、カルシニューリンに結合できなくなってNFATタンパク質の脱リン酸化を阻害し、以後の反応がおこらなくなるためIL-2産生が抑制される。

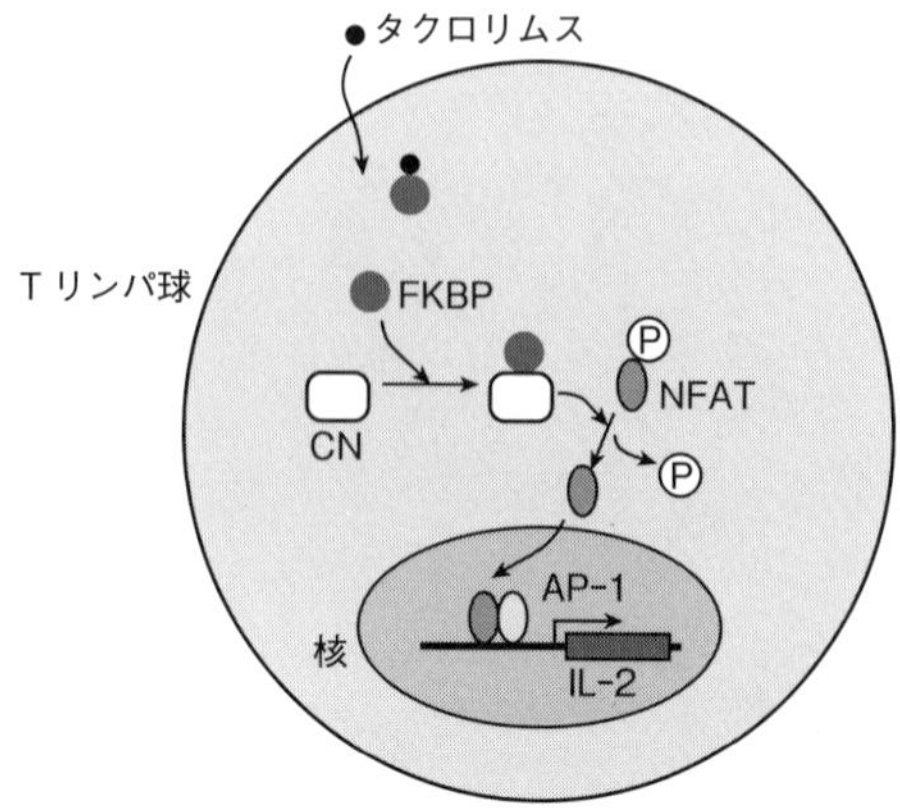

図12・8　FK506の作用のしくみ

FK506の作用のしくみについて研究が進むうちに、T細胞の活性化のしくみについても詳細がわかってきた。すなわち、免疫機構にかかわっている新しい遺伝子やタンパク質が発見されたのである。このようにFK506の発見は臨床だけではなく、免疫機構の解明という基礎研究においても大きく貢献した。

第13章　海洋生物は新たな医薬品の宝庫

海にはたくさんの生物が生息しており、その環境は陸上よりもさらに豊かで多様性があるといわれている。このような海を舞台に、未知の生物活性物質の探索が盛んにおこなわれている。今後、医薬などとして有用な化合物が数多く発見される可能性があり、海洋生物は新たな宝庫として期待されている。

新たな探索源としての海洋生物

すでに抗生物質のところ（第11章）で述べたように、ペニシリンの発見以来、陸上の微生物をはじめとする生物を対象に、特に医薬の資源として生物活性物質の探索がなされてきた。しかし、以前と比べて新たな発見にいたる確率は著しく低下している。そのため、海洋生物が未知の探索源として注目されるようになった。沿岸や浅い海に生息する微生物、藻類、動物などのほかに、深海や熱水噴出孔付近の微生物も対象となっている。ただ、陸上の生物ほど簡単に採集できず、その対象が限られている。それでも、陸上の生物ではみられない化学構造をもち、さまざまな生物活性を示す物質が発見されている。

カイメンの化学戦略

カイメン（海綿）は海洋に生息するスポンジ状の生き物である。岩や貝殻などの硬い基盤のうえに、群れをなして付着している。図13・1の写真は磯でよくみかける紫色をしたカイメンで、平板状の形態をしている。あとで登場するクロイソカイメンと異なり、このムラサキカイメンやダイダイイロカイメンなどはその鮮やかな色によりひときわ目立つ。カイメンは多細胞動物であるが、器官の分化はみられない。体表には小孔とよばれる数多くの穴をもち、ここからエサをとりこみ、胃腔とよばれる空洞部で栄養を摂取し、水は大孔から排出する。カイメンの体内には大量の微生物が共生しており、全体積の四十%を占める場合もある。これまでにカイメンから、複雑な化学構造をもつ化合物が数多く抽出・同定されている。当初、これらはカイメン自身がつくっていると思われていたが、現在ではその大部分は共生微生物や共生微細藻類によることがわかっている。これらの物質は、微生物や藻類の生存競争のなかで、他の生物に対する毒として、自身が生き残るための戦略として生産され、さらにカイメンが外敵から身を守るためにその毒を利用していると考えられている。このような物質のなかから、ヒトにとって有用な活性をもつものが発見されている。

クロイソカイメンからの生物活性物質

クロイソカイメン（*Halichondria okadai*）は日当たりのよい潮だまりでよくみかけ、文字通り真っ黒い色をしている。この種のカイメンは相模湾および能登半島以南の潮溜まりに多く生息し、比較的収集しやすい種である。この生き物から、ある種の白血病細胞やメラノーマなどの腫瘍細胞の増殖を

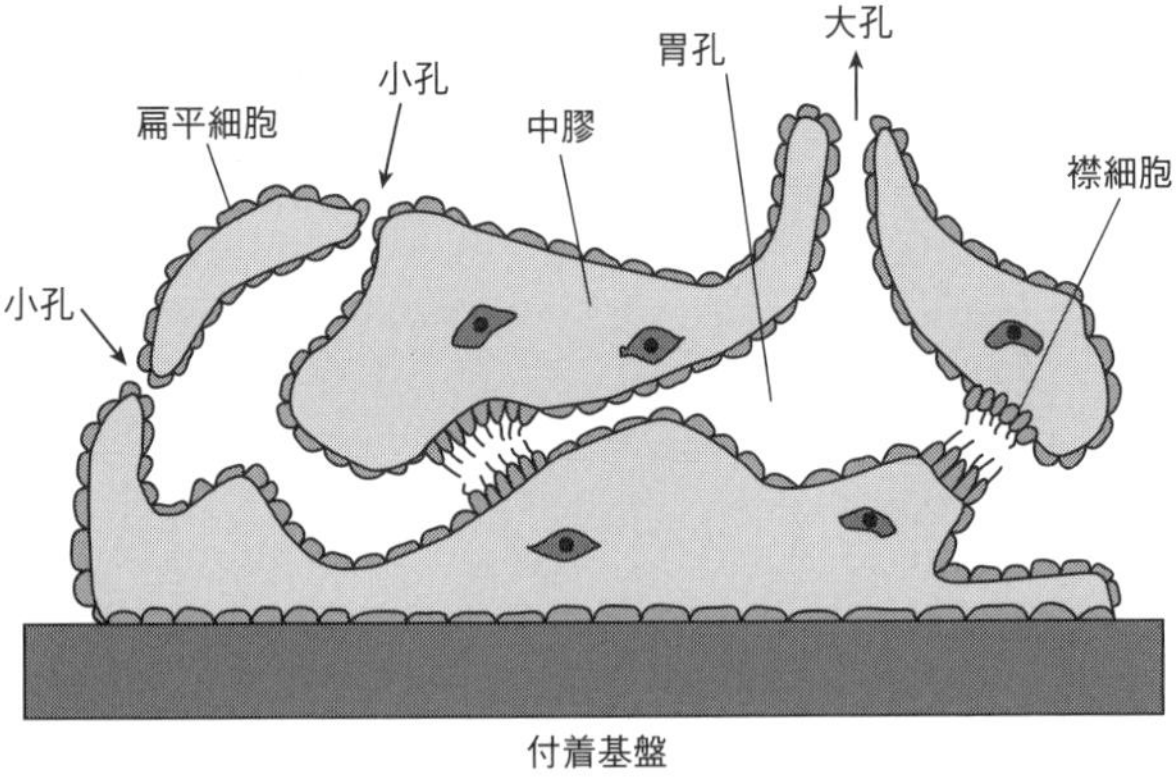

図13・1　カイメン（海綿）　ムラサキカイメン（上），カイメンの基本構造の断面図（下）．写真提供：静岡県水産技術研究所伊豆分場

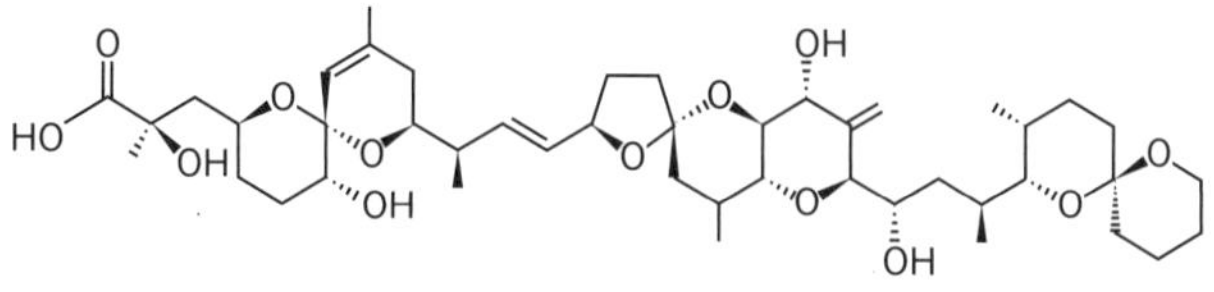

図13・2　オカダ酸の構造

抑制する物質が抽出され、結晶化され、オカダ酸と名づけられた。炭素三十八個の脂肪酸の骨格に七つのエーテル環をもつ構造をしている（図13・2）。のちに、オカダ酸はカリブ海に生息する別の二種類のカイメンや宮城県下でおこったムラサキイガイの食中毒の原因物質として貝類にも含まれていることがわかった。現在では、オカダ酸はカイメンによるものではなく、有毒渦鞭毛藻により生産され、食物連鎖によってカイメンの体内に蓄積されたと考えられている（第14章参照）。渦鞭毛藻は海水にも淡水にも分布する単細胞の植物プランクトンであり、べん毛をもち水中を動きまわる。また、同様の過程で二枚貝にも蓄積され、下痢性貝毒の原因物質にもなっている。オカダ酸は腫瘍細胞に対して活性を示したが、残念ながら個体レベルでは効果がなく、医薬への応用は断念された。

クロイソカイメンにはオカダ酸より含量は少ないが抗腫瘍活性のより高い化合物が含まれていることがわかっていた。そこで、名古屋大学の平田義正、上村大輔らは神奈川県三浦半島油壺で採集した六百キログラムのクロイソカイメンを材料にしてその活性物質を抽出、精製した結果、一九八六年に構造の類似した八種類の化合物を得た。このうち、図13・3に示したハリコンドリンBが腫瘍細胞および癌を発生したマウス個体に対してもっとも強い抗腫瘍活性を示した。また、その活性の強さは既存の抗腫瘍活性物質とほぼ同程度であり、ヒ

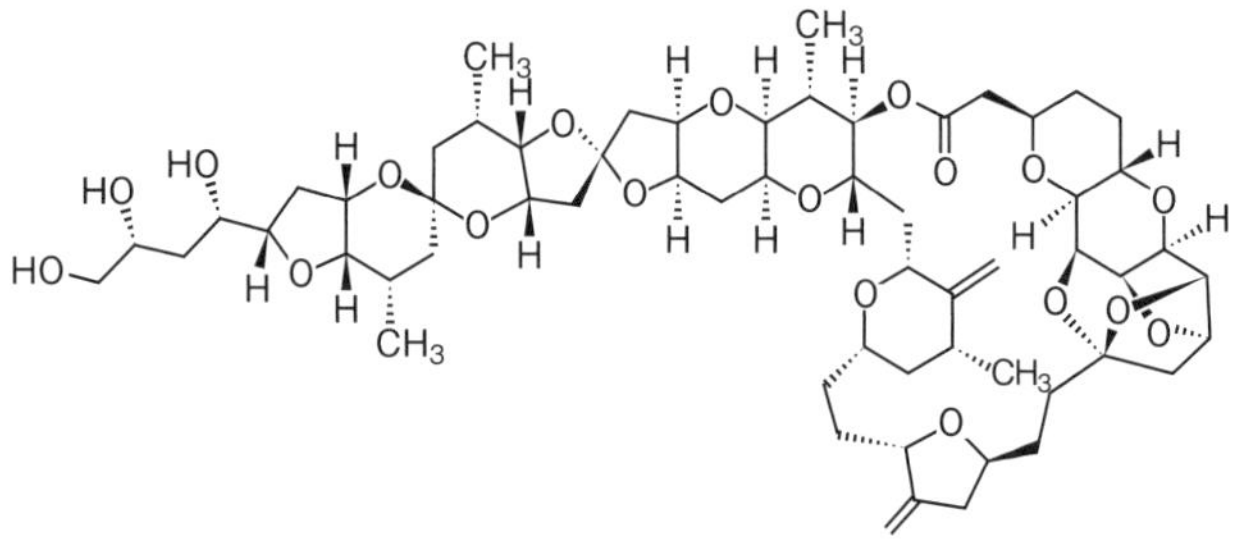

図13・3　ハリコンドリンBの構造

トへの応用が期待された。

しかし、ハリコンドリンBの収量はごくわずかであり、六百キログラムからわずか十二・五ミリグラムしか得られなかった。そこで、もっと多くのハリコンドリンBを含有するカイメンがいないかどうか調べられ、十倍以上含んでいるカイメンがニュージーランドの水深百メートルの海底から採集された。さらに、このカイメンを養殖してみたが、残念ながら期待したほどの量を得ることができず、この試みは断念された。このように、海洋生物からはごく微量しかとることができなかったため、人工的に化学合成することが検討された。

ハリコンドリンBの合成研究

ハリコンドリンBは多くの不斉《ふせい》炭素をもつ複雑な有機化合物である（図13・3）。不斉炭素とは、四つの異なるグループ（基）が結合した炭素原子のことをいう（序章図5参照）。このように複雑な天然化合物を化学合成することは、当時の技術では困難であると思われていた。ハーバード大学の岸義人らがこのような難問にとりくみ、ついに一九九二年までに全合成を成し遂げた。岸は以前から不斉炭素原子を数多く含む天然有機化合物の化学合成を手掛けており、たとえばパリトキシンとよばれる海産生物の毒で、くり返しの構造単位をもたない化合物のうちで最大の分子量（二六七九）をもち、六五個の不斉炭素原子をもつきわめて複雑な化合物の合成を八年の歳月をかけてやってのけ、世界を驚かせた。しかも、この場合天然物の収量は限られていたため、天然物では絶対立体配置が決められていなかったにもかかわらず、化学合成という手段で絶対立体配置まで決定してしまった。ハリコンドリンBの場合も、多くの段階の反応をへていたため、大量のハリコンドリンBを得るまでにはいたらなかった。薬剤として実用化されるには、いくつもの試験に供するため多量の化合物

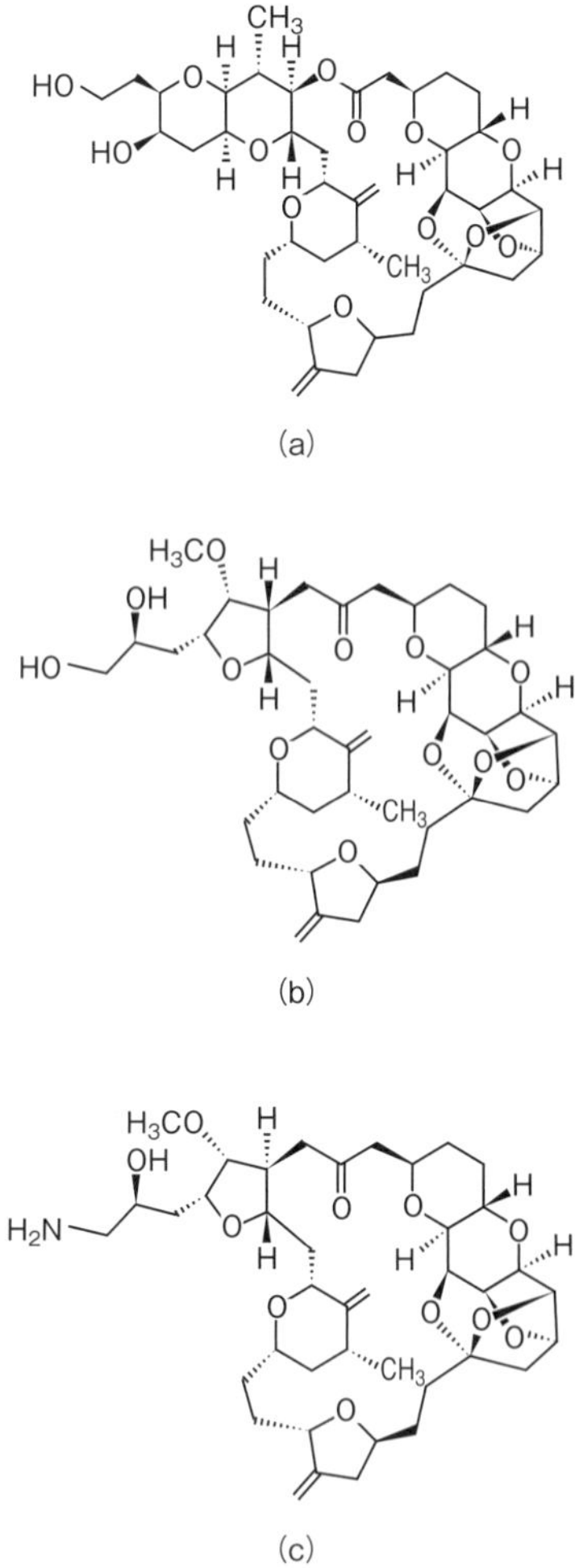

図 13・4　ハリコンドリン B の合成中間体(a)およびその誘導体(b, c)

が必要となる。そこで、さまざまな合成中間体の活性が調べられた。そのなかで、ハリコンドリンBの大環状ラクトン構造をもつ右側部分のみ（図13・4a）でも、ハリコンドリンBと同等の抗腫瘍活性を示すことがわかった。今度はエーザイ株式会社の研究陣がハーバード大学との合意のもと、この化合物を中心にして二百種類以上の誘導体（類縁化合物）を合成し、構造の最適化をおこない、図13・4の化合物bおよびcが活性の強さと化合物としての安定性の両面からすぐれていることが明らかとなった。化合物bとcは側鎖のわずかな構造の違いのみであるが、細胞毒性ではbがcより二倍ほど強い。また、cはbよりヒトの乳癌細胞や腸癌細胞を移植したヌードマウス（免疫系を欠いているので、ヒトの細胞を排除しない）に対してすぐれた効果をもっていた。

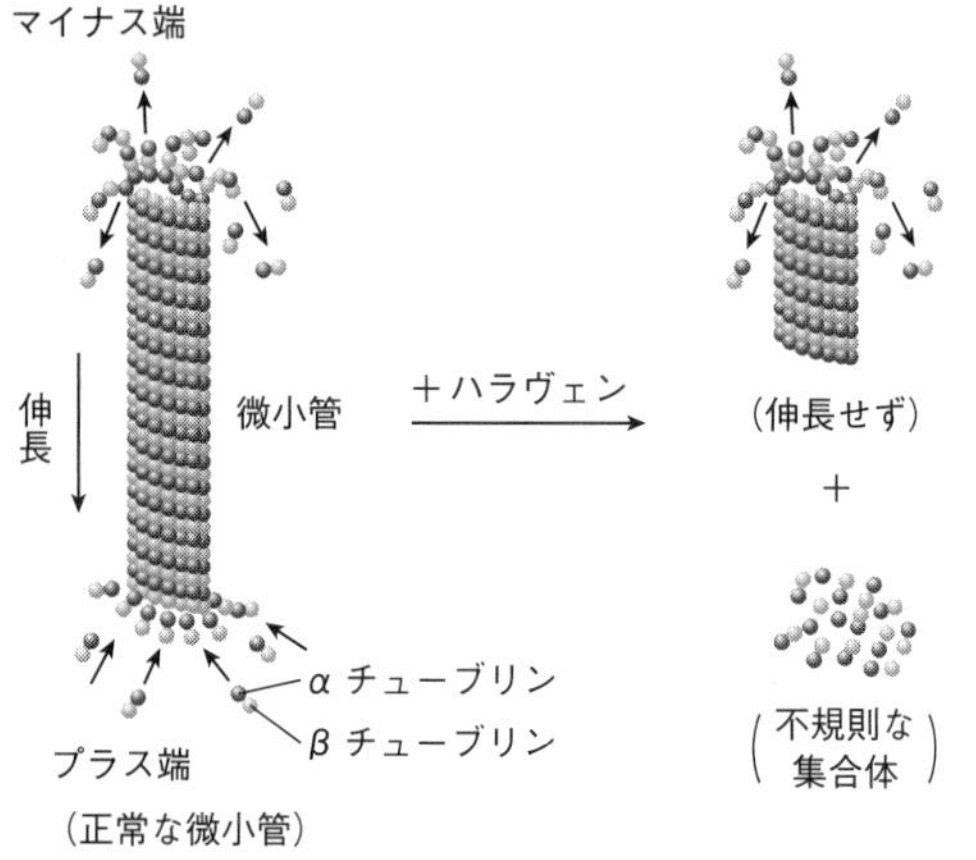

図13・5　ハラヴェンの微小管に対する作用

抗腫瘍剤「ハラヴェン」の開発

化合物cはエリブリンと名づけられ、最終的にエリブリンのメシル酸塩（商品名ハラヴェン）が乳癌治療薬として、二〇一〇～二〇一一年に日欧米で承認された。クロイソカイメンからハリコンドリンB

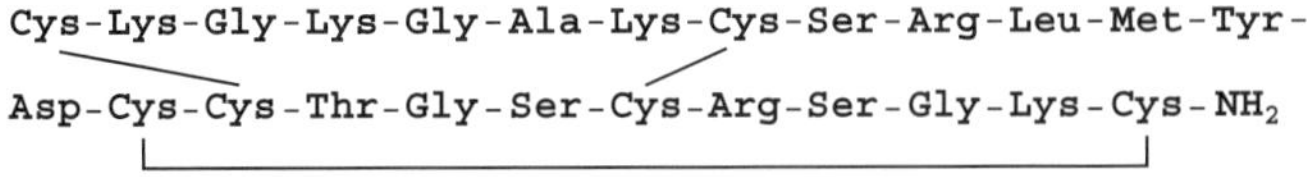

図13・6　コノトキシンの構造　3対のジスルフィド結合（実線）によって立体構造が固定されている

が単離されてから、すでに二十五年の月日が流れていた。なお、このような六十二段階もの合成段階をへて医薬品になった例はほかにはない。この抗腫瘍剤の開発は、ほんのわずかでも有効な化合物が得られれば、同様の戦略によって新しい薬剤を生みだせる可能性を示した点でも非常に意義がある。

微小管（チューブリン）はαチューブリンとβチューブリンの異なる二つのタンパク質の二量体からなり、それが重合して細い管構造を形成しており、プラス端では重合がおこり、マイナス端では脱重合反応がおこっている。ハラヴェンはこの微小管の脱重合（短縮）反応には影響せず、チューブリンを不規則な集合体にすることによって重合（伸長）反応を阻害し、癌細胞の増殖を抑制する（図13・5）。癌細胞は分裂をくり返すことで増殖するが、細胞分裂するさいにはDNAの複製が必要となる。このとき、DNAを二つに分けるために微小管が寄せ集まる（重合する）ので、これを阻害すれば細胞分裂が停止し、細胞は死にいたる。つまり、癌細胞の増殖が抑制できる。ハラヴェンと同様の抗腫瘍剤としてビンクリスチンやパクリタキセルがあるが、微小管に対する結合部位や重合阻害の様式はハラヴェンとは異なることが明らかにされている。

その他の海洋生物起源の医薬

イモガイの毒腺でつくられ、猛毒として知られているコノトキシン（商品名プリアルト、図13・6）は欧米で鎮静剤として承認されている。プリアルトは二十五アミノ酸残基からなるペプチドで、六残基のシステイン残基のスルフヒドリル（—SH）基は分子内で三対のジスルフィド結合（—S—S—）を形成してコンパクトな構造をとる。また、カルボキシ末端はアミド化されている。プリアルトは鎮痛剤としてモルヒネより効果が強く、中毒症状がないのが特徴であるが、経口では消化されてしまうので、注射による投与に限られる。

ホヤのなかでもマボヤやアカボヤは食用にもなって養殖もされているが、熱帯産のホヤには有毒な種が多い。カリブ海産の群体ボヤ（*Ecteinascidia turbinata*）の抽出物が個体レベルで強力な抗腫瘍活

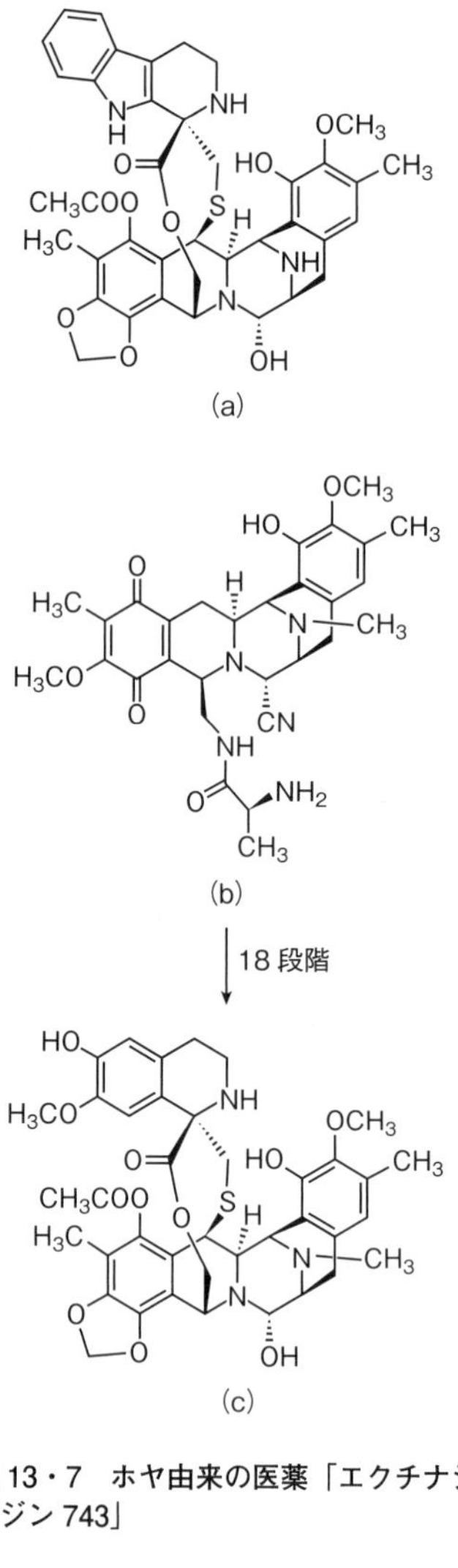

図 13・7　ホヤ由来の医薬「エクチナシジン 743」

性を示したことから、その有効成分が精製され、図13・7aの構造（ET722、ETは学名の頭文字に由来）をもつことがわかった。しかし、この化合物の収量はきわめて少ないため、その全合成もなされたが、実際には大量に合成できなかった。そこで、類似の骨格をもつシアノサフラシンB（図13・7b）が細菌の一種によって大量に得られることに注目し、この化合物から十八段階の反応でET722に匹敵する活性をもつエクチナシジン743（ET743、図13・7c）を得ることができた。それでも、収率は二%ほどである。ET743（商品名ヨンデリス）は軟部組織肉腫の治療薬として、二〇〇七年にEUを皮切りに、すでに世界の約六十か国で承認されている。

第14章　フグはフグ毒をつくらない

毒をもつ生物のなかで食用になる生物は数少ない。フグはその代表である。フグ毒はおもに肝臓と卵巣に含まれており、その毒を摂取することによって多くの人が命を落としてきた。確かにフグは天下唯一の美味であり、明治に生まれ美食家としても知られた北大路魯山人も「ふぐは食べたし命は惜しし」のことわざに惑わされ、フグを恐ろしがって食わぬものはとんだ損をしていると著作のなかで語っている。フグ毒はフグ自身が体内で合成するのではなく、食物連鎖によってフグに蓄積されることがわかっている。

フグは毒をもっている

フグは古来、日本、中国、朝鮮を含む東アジア地域でのみ食用にされてきた（図14・1）。一方、古代エジプト（紀元前二十八世紀ごろ）では王の墓にフグが描かれていることから、フグが毒をもっていることを知っていたと思われる。中国では、秦の始皇帝（紀元前三世紀）の時代の書物にフグを食べると死ぬことが記載されている。日本でも、十六世紀の終わりに豊臣秀吉が朝鮮出兵のため下関に武士を集めたが、そのときフグを食べて多数の死者がでている。フグによる中毒死は江戸時代以降も

図14・1　トラフグ　水野直樹氏提供

多数みられた。第二次世界大戦後になっても昭和三十年（一九五五年）に一一九名、昭和四〇年に八十八名、昭和五十年に三十三名、昭和六十年九名にのぼっている。その後は徐々に減少し、ここ数年は死者の数は年間一、二名程度である。フグを料理するには免許が必要で、食用に供さない内臓は厳重に管理することが義務づけられている。

ひとくちにフグといっても多くの種類がいる。その種類によって毒性は大きく異なる（表14・1）。クサフグ、コモンフグ、ヒガンフグ、ショウサイフグ、マフグなどは肝臓および卵巣に非常に強い毒をもっており、筋肉、皮膚および腸にもかなりの毒がみられる。食用にされている主要なフグはトラフグであり（図14・1）、肝臓と卵巣には強い毒性がある。一方、カワフグ、ハコフグ、ハリセンボンなどからは毒は検出されていない。

海の生物の生存競争は厳しく、「食う・食われる」の食物連鎖網が成り立っており、毒をもつことはもっと上位の動物に捕食されないための知恵であるかもしれない。あとで述べるように、その毒が毒を濃縮する生物にとって毒ではなくなることは

表 14・1　フグの種類と各組織の毒性

科名	種名	卵巣	精巣	肝臓	腸	皮膚	筋肉
マフグ	クサフグ	●	○	●	●	◎	○
	コモンフグ	●	◎	●	◎	◎	○
	ヒガンフグ	●	○	●	◎	◎	×
	ショウサイフグ	●	×	●	◎	◎	○
	マフグ	●	×	●	◎	◎	×
	トラフグ	◎	×	◎	○	×	×
	ゴマフグ	◎	×	◎	○	○	×
	カワフグ	×	×	×	×	×	×
ハリセンボン	ハリセンボン	×	—	×	×	×	×
ハコフグ	ハコフグ	×	×	×	×	×	×

●：猛毒（10 g で致死），◎：強毒（10～100 g で致死）
○：弱毒（100～1000 g で致死）
×：無毒（1 kg 以下で致死性なし）
—：データなし

表 14・2　天然の毒の毒性の強さの比較

毒の名称	分子量	含有生物	LD_{50}*
ボツリヌス毒素	900,000	ボツリヌス菌	0.00003
マイトトキシン	3400	サザナミハギなど（起源は渦鞭毛藻の一種）	0.17
シガトキシン	1112	ドクウツボ（起源は渦鞭毛藻の一種）	0.45
パリトキシン	2677	イワスナギンチャク	0.6
サキシトキシン	299	二枚貝（起源は渦鞭毛藻の一種）	10
テトロドトキシン	319	フグ，カリフォルニアイモリなど（起源は細菌）	10
α-アマニチン	918	タマゴテングダケ	100
ストリキニーネ	334	植物	500
シアン化ナトリウム	49	（化学試薬）	10,000

*　マウス腹腔内投与による半数致死量（μg/kg）

最低限必要である。

毒性の強さ

生物がもつ毒素の強さの程度を表14・2に示した。最強の毒はボツリヌス菌のタンパク性毒素、つぎに海産動物の毒素であり、そのなかではフグ毒（テトロドトキシン）の毒性は比較的弱いほうである。とはいっても、マウスに一キログラムあたり十マイクログラム（マウスの体重を二十五グラムとすると、〇・二五マイクログラム）投与したとき、投与されたマウスのうち半数が死亡するという強さである。一マイクログラムは一グラムの百万分の一グラムに相当する。単純にヒト（体重六十キログラム）がマウスと体重あたり同じ量で死ぬと仮定すると、半数致死量は六百マイクログラムということになる。ちなみに、植物の毒は動物に比べて毒性は弱いが、日本では毎年、毒キノコを食用キノコと間違えて数人ほど中毒死している。

フグ毒研究のはじまり

フグ毒の精製を最初に試みたのは、田原良純である。田原は明治十四年（一八七一年）東京大学医学部製薬学科を卒業し、六年後に東京司薬場（現国立医薬品食品衛生研究所）の所長になり、そのころからフグ毒の研究を開始した。明治二十七年に日本薬学会例会ではじめてフグ毒に関する研究結果を報告した。その後、多くの努力の末、明治四十二年にフグの卵巣からフグ毒の活性をもつ部分精製物（約〇・二%純度）を得て、フグ科の学名（Tetraodontidae）にちなんでテトロドトキシン

(tetrodotoxin) と名づけた。その後も研究がつづけられ、薬としても使える可能性が示された。まさに「毒と薬は紙一重」である。毒性は、薬としての効果を表す濃度よりも高いと発揮される。実際に一九一三年、三共(株)から神経痛を軽減する薬として販売されている。

フグ毒の精製は困難をきわめたが、一九五〇年にクロマトグラフィーを利用した精製により、はじめてフグ毒の結晶が得られた。

その化学構造の解明

フグ毒の構造解析もその特異な構造のために難航した。ようやく一九六四年になって、京都で開催された国際学会において、三つのグループ、すなわち米国のR・B・ウッドワード（一九六五年、ノーベル化学賞受賞）ら、名古屋大学の平田義正ら、東京大学の津田恭介らにより、同時にフグ毒の化学構造の解明について発表された。三つのグループの構造の決め方はみな違っていたが、最終的に提出された化学構造はまったく同じであった（図14・2）。その骨格は十一個の炭素原子、八個の酸素原子および三個の窒素原子で構成され、多くの不斉炭素原子を含み、負の荷電をもつヘミラクタールおよび正の荷電をもつグアニジル基が存在し、きわめて特異な構造をもつ。このようにして、田原による最初の報告から八十年後に、結晶が得られてから十四年後にようやくフグ毒の正体が明らかになった。

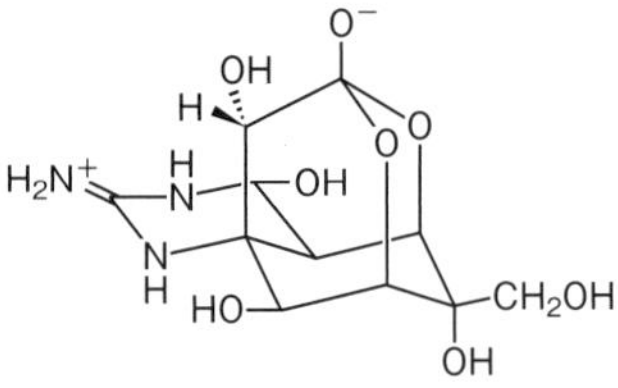

図14・2　フグ毒の構造

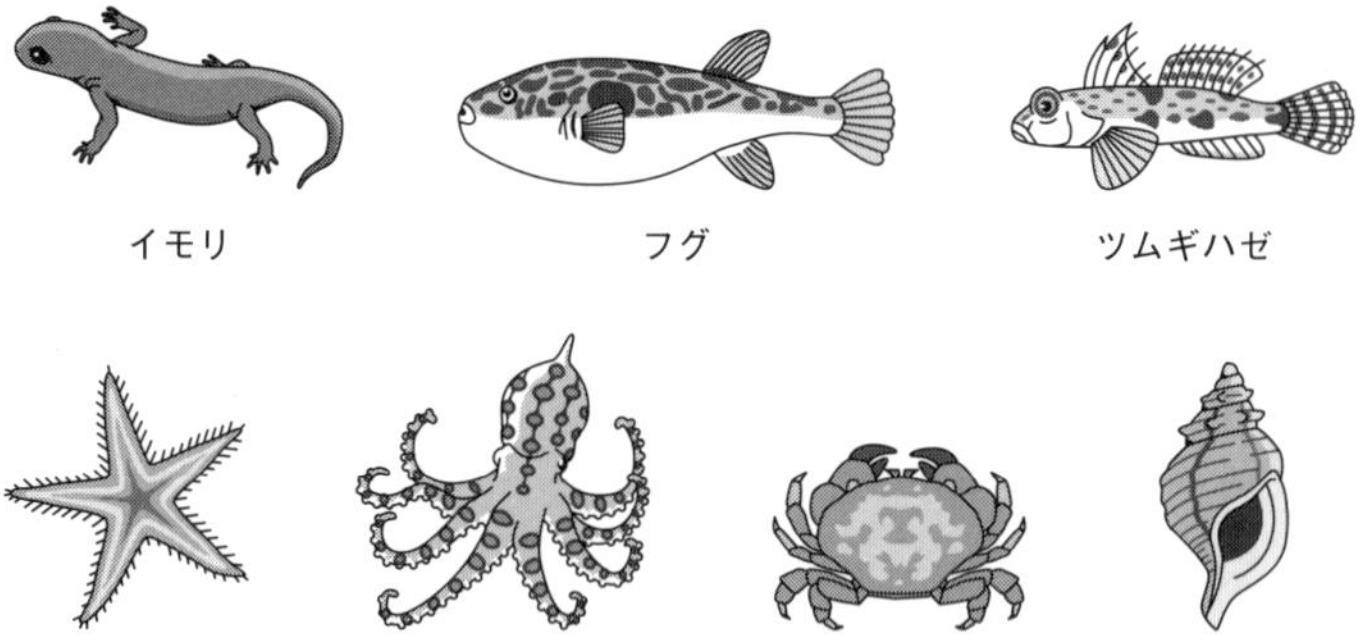

図14・3　フグ毒をもつ生物

特異な構造をもつフグ毒は合成有機化学者の格好の対象になった。ここでも先陣争いがくり広げられた。前述のウッドワードも挑戦したが、道半ばであきらめてしまった。結局、一九七二年、平田の薫陶を受けた岸義人（現ハーバード大学、第13章参照）らによって成し遂げられた。

フグ毒をもつ生物はフグだけではない

前述の一九六四年の国際会議で、カリフォルニア産のイモリの毒（タリカトキシン）の構造解析の報告がなされ、驚いたことにフグ毒とまったく同じ構造であることがわかった。これがフグ以外で見つかった最初のフグ毒であった。その後、いろいろな海産動物についてフグ毒の存在が調べられた結果、ツムギハゼ、ヒョウモンダコ、ボウシュウボラ（巻貝の仲間）、スベスベマンジュウガニ、トゲモミジガイなどに（図14・3）、さらに後述するように海藻の一種にも含まれていることが明らかにされた。このようにしてフグ毒はフグ以外の生物にも含まれていることが明らかとなった。

フグ毒をつくる生物の起源

フグの毒性の程度は個体によってばらつきが大きいし、フグ毒をもっている生物はばらばらで分類学的な関連がみられない。さらに、養殖したフグから孵化し、人工環境で飼育したフグでは肝臓にも卵巣にもフグ毒が検出されないことが明らかとなった。これらのことから、フグ毒の生産者はフグではなく、食物連鎖によってフグに蓄積すると考えられるようになった。また、フグ以外の生物でフグ毒をもつものも同様とみなされている。

では、フグ毒の起源はどこにあるのだろうか。そのことを調べるために、高濃度のフグ毒をもつウモレオウギガニの消化管の内容物を調べたところ、ヒメモサズキという海藻が多くみられたため、つぎにその海藻を調べたところ、フグ毒が検出された。さらに、この海藻がフグ毒の起源かどうかを確かめるために、海藻に含まれるフグ毒の量に対する季節変動や地域差を調べたところ、大きな違いがみられた。この結果から、海藻自身が起源とは考えにくいことから、海藻に付着した多数の細菌を分離して培養したところ、その培養液の中にフグ毒を生産している細菌がいることがわかった。この細菌は新種であった。その後の調査によって、最初に見つかった細菌だけでなく、多くの海洋の底泥（デトリタス）の中の海洋細菌がフグ毒を生産していることがわかった（図14・4参照）。この底泥には魚、海藻、動植物プランクトンの遺体や排泄物が分解され細片化したものが含まれ、海水中に漂っている。この光景は海に降る白い雪のようにみえるのでマリンスノーとよばれている。そのような場所には多くの微生物が存在し、底泥をエサにして繁殖している。現在では、底泥をエサとする動物がいっしょにフグ毒生産細菌を食べ、さらに食物連鎖の上位にいる動物が食べるというように、さまざ

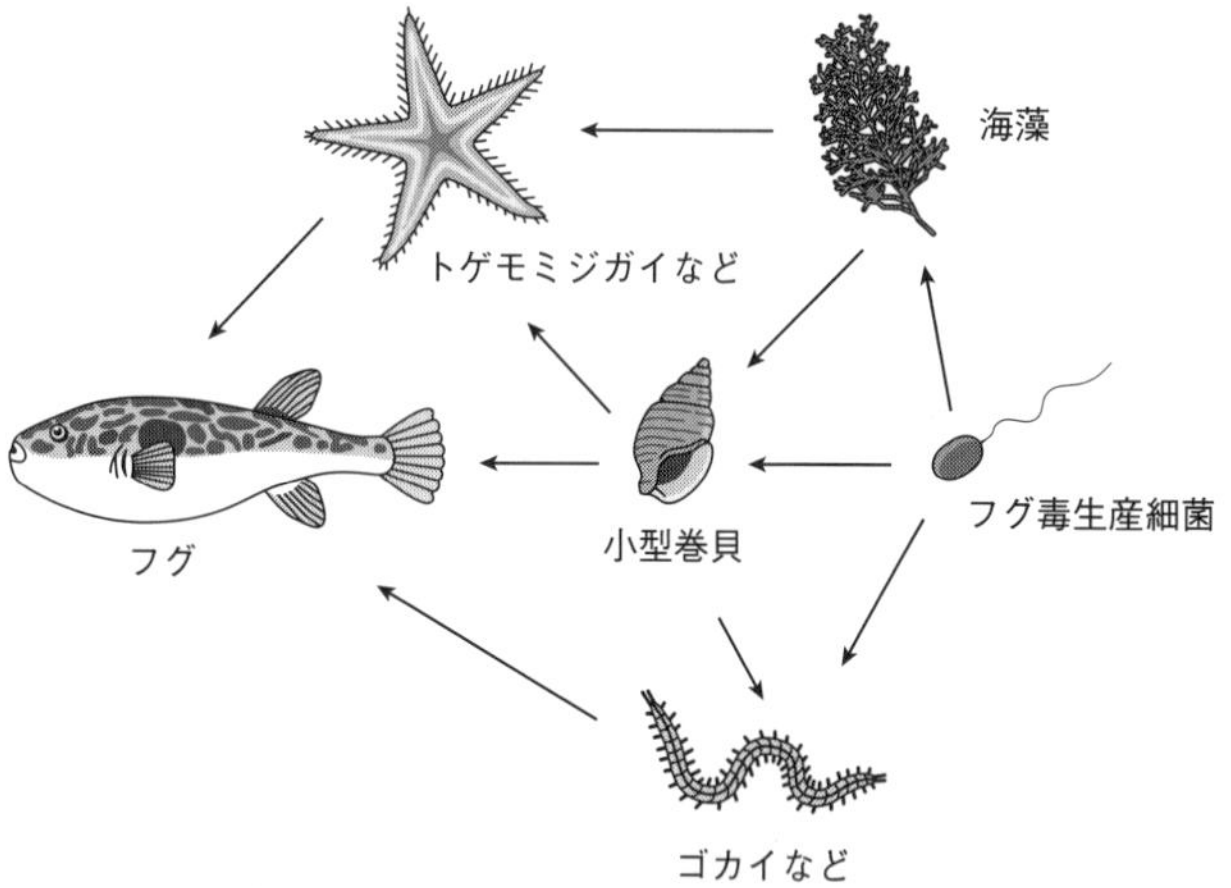

図 14・4　食物連鎖によってフグ毒はフグに濃縮される

まな動物につぎつぎと蓄積されていったと考えられている（図14・4）。

表14・2にあげたフグ毒より毒性の強い海産動物の毒は、同様に自分自身で毒をつくっているわけではなく、マイトトキシンおよびシガトキシンは渦鞭毛藻という単細胞の藻類によってつくられ、フグ毒と同様に食物連鎖によって蓄積されたものであることが明らかにされている。第13章で述べたハリコンドリンBも渦鞭毛藻がつくっている。

フグはなぜ平気なのか

フグ毒は神経細胞にあるナトリウムチャネルに作用することで、その毒性が発揮される。ナトリウムチャネルは神経細胞の細胞膜に埋めこまれたタンパク質であり、小さな孔を通じて細胞内外のナトリウムイオンの移動を制御している。神経細胞はこのようなナトリウムイオンなどの移動によ り電気的な信号を発生させ、情報を伝達するしく

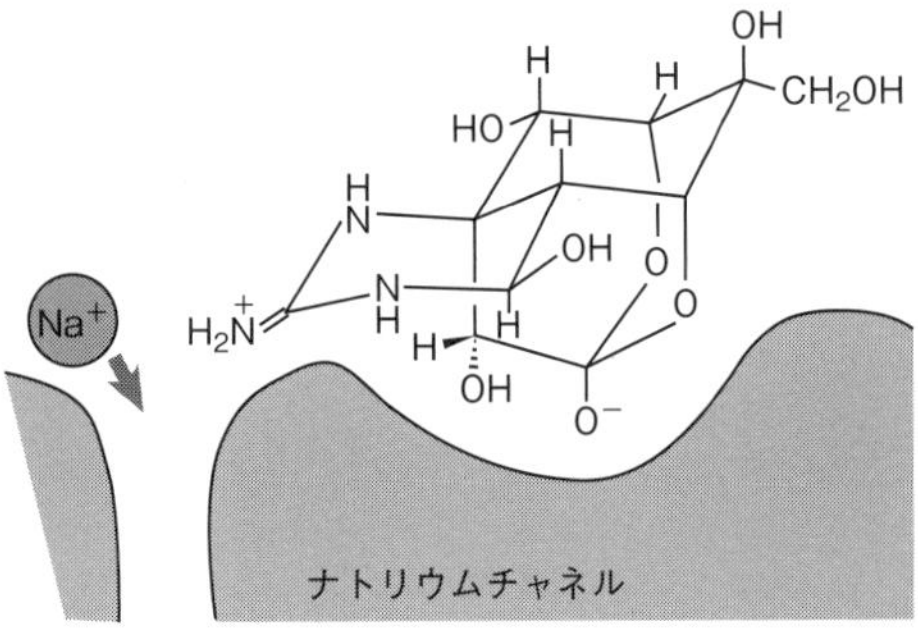

図14・5　フグ毒によるナトリウムチャネル阻害　フグ毒はナトリウムチャネルに結合してナトリウムイオンの細胞内への流入を阻害する

みを備えている。フグ毒はこのチャネルに結合してナトリウムイオンのとりこみを阻害することで（図14・5）、神経伝達を遮断する。そのため、神経や筋肉に麻痺がおこり、重篤な場合には血圧低下や呼吸困難をともなって死にいたる。

それでは、なぜこのような強い毒に対してフグは平気なのだろうか。チャネルに対するフグ毒の結合はヒトでは強く、フグでは弱いことがわかっている。そのため、ヒトではチャネルのはたらきが阻害され、強い毒性を示すが、フグではチャネルのはたらきは阻害されず、毒性を示さない。その他のフグ毒をもつ生物でも同様である。また、フグ毒のヒトとフグにおけるチャネルへの結合の強さの違いは、チャネルのわずかな立体構造の違いによりもたらされる。ヒトとフグのナトリウムチャネルでは、アミノ酸の配列は全体として類似しているが、いくつかのアミノ酸が異なり、それを反映して立体構造にもわずかな違いが生じているためである。

このような特異な性質をもつことから、フグ毒はナトリウムチャネルについての研究に利用され、神経伝達のしくみの解明に貢献している。

第15章　アメリカザリガニの白い石の正体

数匹のアメリカザリガニを一つの水槽で飼っていると、ある日突然一尾少なくなっている、という経験をしたことはありませんか。これは「共食い」によって一尾が犠牲になったのである。そのさい、必ず大きな白い丸い石が二個水槽に転がっている。この共食いのあとに残った白い石の正体はなんだろうか。そして、この白い石は生き物たちの化学戦略とどのような関係があるのだろうか。

アメリカザリガニは外来生物

アメリカザリガニは外来生物であり、一九二七年に食用ガエルのエサとして米国から二十数匹が輸入されたさいにその一部が逃げ出し、いまや日本各地に広く分布するようになった。一方、わが国に固有のニホンザリガニは北海道と東北の一部に生息するのみで、絶滅危惧種に指定されている。アメリカザリガニは体長が八～十二センチほどで、赤色あるいは褐色をしており、なんでも食べる雑食性である。

白い石の正体は

水槽に残った一対の白い石は共食いされたアメリカザリガニの胃の中にあったものであり、胃石とよばれる（図15・1）。体長十センチメートルくらいの個体では直径が七、八ミリメートルにもなり、重さは両方で約一グラムにもなる。この胃石の主成分は炭酸カルシウム（$CaCO_3$）という鉱物であることがわかっている。

いったい、なぜこのような石が胃の中にあったのだろうか。もう少し共食いについてみていこう。アメリカザリガニは甲殻類の一種であり、昆虫などと同様に脱皮しながら、成長する。そして、共食いは脱皮の直前あるいは直後でよくみられる。それでは、脱皮のときに、なにがおこっているのだろうか。通常、ザリガニは硬い殻で覆われているので、他の個体によって食べられることはない。ところが、脱皮をするためには、その前後で殻が柔らかくなる必要がある。そうでなければ、殻を脱ぐことはできない。殻の硬さは炭酸カルシウムの存在（石灰化しているという）によりもたらされる。硬い殻では全体の重さの約三分の一が炭酸カルシウムで占められている。脱皮の直前では殻の炭酸カルシウムのかなりの部分が溶かされて柔らかくなり、脱皮直後では石灰化してないので柔らかい

図15・1　アメリカザリガニと胃石　体長10cmくらいの個体では，胃石の大きさは7〜8mmくらいになる．著者提供

殻をもつ。このように殻が柔らかいか、ふにゃふにゃになった個体が、「共食い」の犠牲となる。

さて、胃石と殻の主成分が同じ炭酸カルシウムであることにお気づきだろうか。どうやら、このあたりに白い石の秘密を明らかにする手がかりがありそうである。

胃石はいつ、どのようにしてつくられるか

図15・1からわかるように、アメリカザリガニは大きなはさみをもち、その付け根部分は先端部分にくらべてずっと細い。脱皮するときには、この細い部分をすり抜けないといけない。このとき、ふだんの硬い殻のままではすり抜けられないので、殻は柔らかくなる必要がある。そのために、アメリカザリガニなどの甲殻類には昆虫とは異なるしくみが備わっている。つまり、脱皮のさいに、殻の硬さの原因となる炭酸カルシウムが溶かされて（脱石灰化）、カルシウムイオン（Ca^{2+}）と炭酸水素イオン（HCO_3^-）になり、これらのイオンが胃に送られ、ふたたび炭酸カルシウムとして沈着し、一対の石となるのである（図15・2）。これが白い石、つまり胃石の正体である。そして、殻を脱いだあと、胃石はふたたび新しい殻の形成に使われる。

実は、このようなしくみもホルモンによって制御されている。

殻の構造と成分

ここでは、殻（外骨格）がどのような物質で構成されているかみておこう。外骨格は層状のクチクラからなる。脱皮前後以外の時期（脱皮間期）では、クチクラの中央部が石灰化している。クチクラ

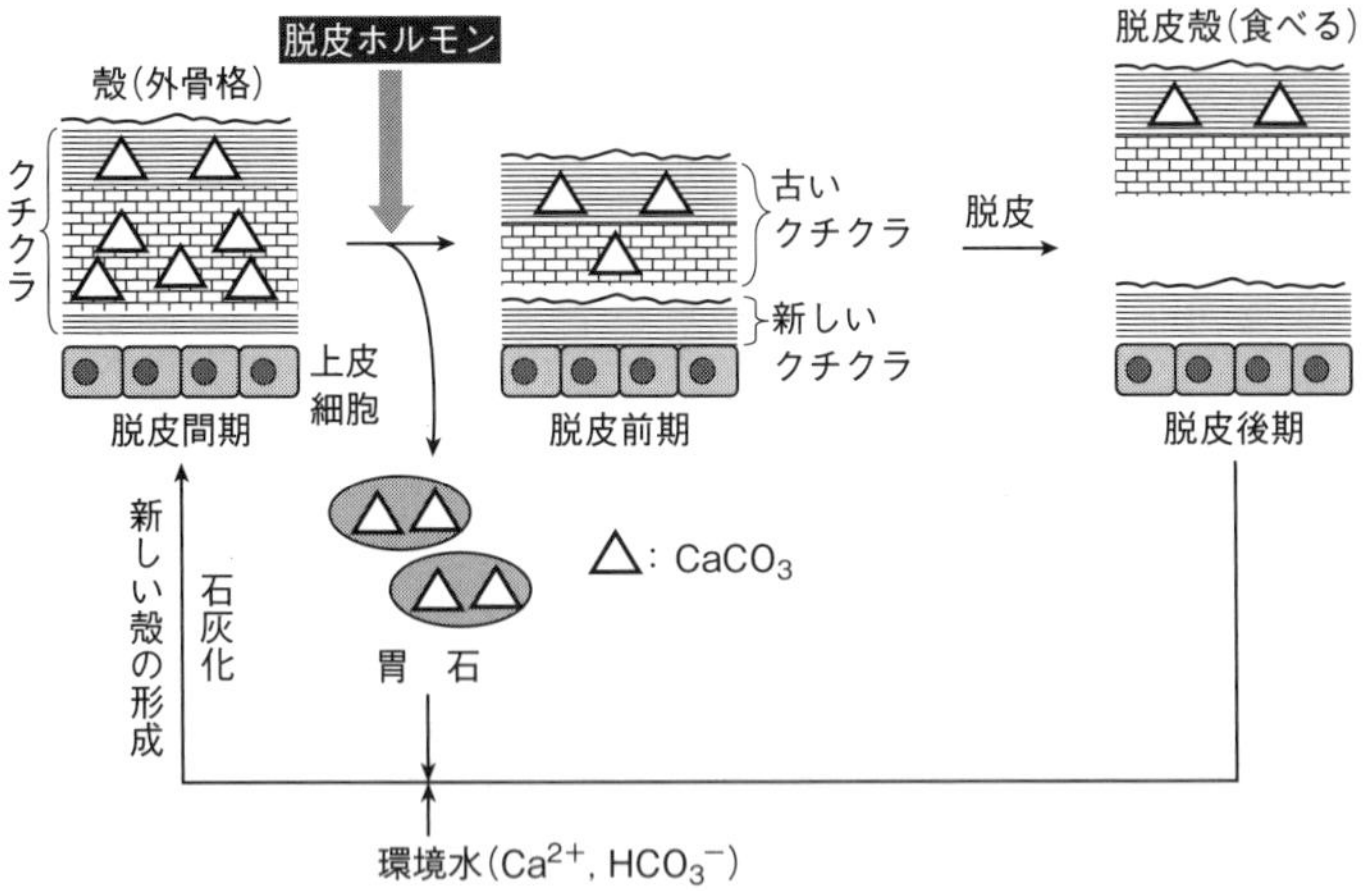

図 15・2　脱皮にともなう炭酸カルシウムの体内移動

は基本的にキチンという多糖によってつくられている（図15・3）。さらに、このキチンにタンパク質が結びつくことで骨格の機能を果たしている。そして、この骨格の空間を炭酸カルシウムが埋めている。したがって、まず有機化合物が枠組みをつくり、その後に石灰化がおこることになる。

このように、クチクラはキチン、タンパク質、炭酸カルシウムが主成分であり、その割合は種によっても、殻の場所によっても異なる。たとえば、腹部は蛇腹のような節になっており、この伸縮性に富んだ部分はクチクラ層も薄く、炭酸カルシウムの割合も低い。

また、クチクラは上皮細胞層と接し、それぞれの細胞からは細かい突起がたくさん出て、クチクラ層の最外部まで達しており、このことが外骨格の石灰化・脱石灰化および胃石の形成に大きな役割を果たしている。

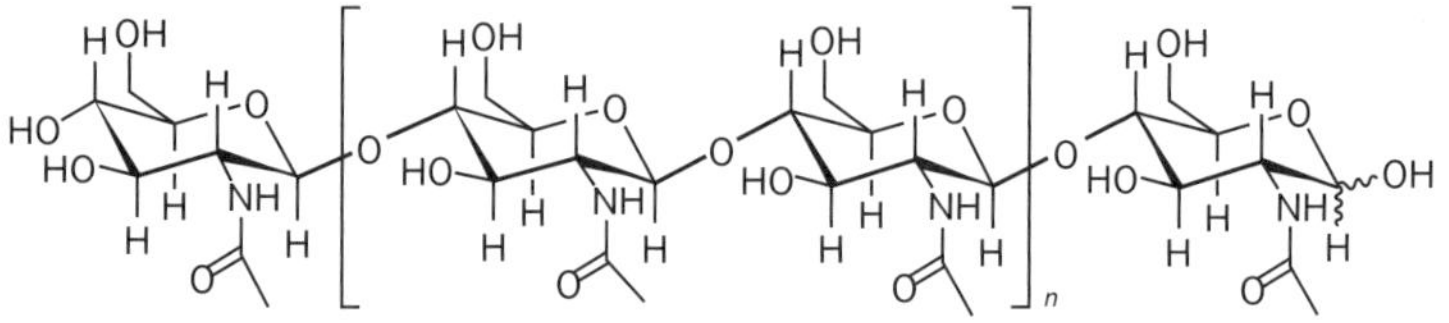

図15・3　クチクラの基本成分であるキチンの構造

脱皮の前後におけるカルシウムの体内移動

それでは、図15・2をもとにして炭酸カルシウムの移動について少し詳しくみてみよう。まず、脱皮は脱皮ホルモンによってひきおこされる。節足動物では共通の化学物質が用いられている（図8・3参照）。脱皮ホルモンは頭胸部に一対存在するY器官（昆虫の前胸腺に相当する）とよばれる器官で合成され、分泌される。この脱皮ホルモンが上皮細胞にはたらくと、上皮細胞層と古いクチクラのあいだに新しいクチクラをつくりはじめる（脱皮前期）。それと同時にクチクラの一部が消化され、溶かされて体内に吸収される。そのクチクラに硬さを与えていた炭酸カルシウム（$CaCO_3$）も一部溶かされて吸収されるが、胃においてふたたび沈着して一対の白い石となる。

やがて、つぎの新しいクチクラができあがると脱皮する。脱皮の直後は体が膨らんでひとまわり大きくなる（脱皮後期）。すでに述べたように、脱皮前の新しいクチクラは石灰化していないので、脱皮直後の殻はふにゃふにゃ状態である。ここから新たな石灰化がはじまる。石灰化のためには、胃石を溶かして再利用する。もちろんそれだけでは足りないので、環境水からカルシウムイオン（Ca^{2+}）や炭酸水素イオン（HCO_3^-）を吸収して補う。多くの場合は、自分が脱いだ殻を食べてしまう。脱いだ殻には溶け残った炭酸カルシウムやその他の栄養成分が含まれているので、資源の有効利用となる。このように、脱皮にともなってカルシウムは殻から胃へ、胃から殻へ体内を移動し、不足分は環境水から補うシステムをつくりあげている。

ソフトシェルクラブという食材があるが、これは脱皮直後のまだ石灰化していない殻をもつカニで、硬くないので殻をつけたまま料理をして丸ごと食べられる。ただし、脱皮直後のカニを集めるためには、常に脱皮するかどうかを見張っていないといけないので大変である。

胃石の観察

このようにアメリカザリガニでは、脱皮前にクチクラから吸収した炭酸カルシウムは胃石として一時的に貯蔵され、脱皮のあとに再利用される。一対の胃石は胃の前面にある胃石板とよばれる部分の上皮細胞と胃の内部を覆っているクチクラのあいだに形成される。胃石を走査型電子顕微鏡で観察すると、繊維の先端に球状の炭酸カルシウムがくっついているのがわかる（図15・4）。この胃石は殻が不透明であるので外からみることはできないが、軟X線を用いてちょうど私たちがX線胸部撮影をするのと同じように胃石の消長を生きたまま観察することができる（図15・5）。脱皮するまえには徐々に成長していき（脱皮前期）、脱皮したあとは急速に小さくなり（脱皮後期）、数日でなくなってしまい、やがて脱皮間期にはいる。

胃石は外骨格と同様にキチン、タンパク質、炭酸カルシウムからなる。しかし、外骨格と異なり、炭酸カルシウムの割合が著しく高く、約九十五%を占める。

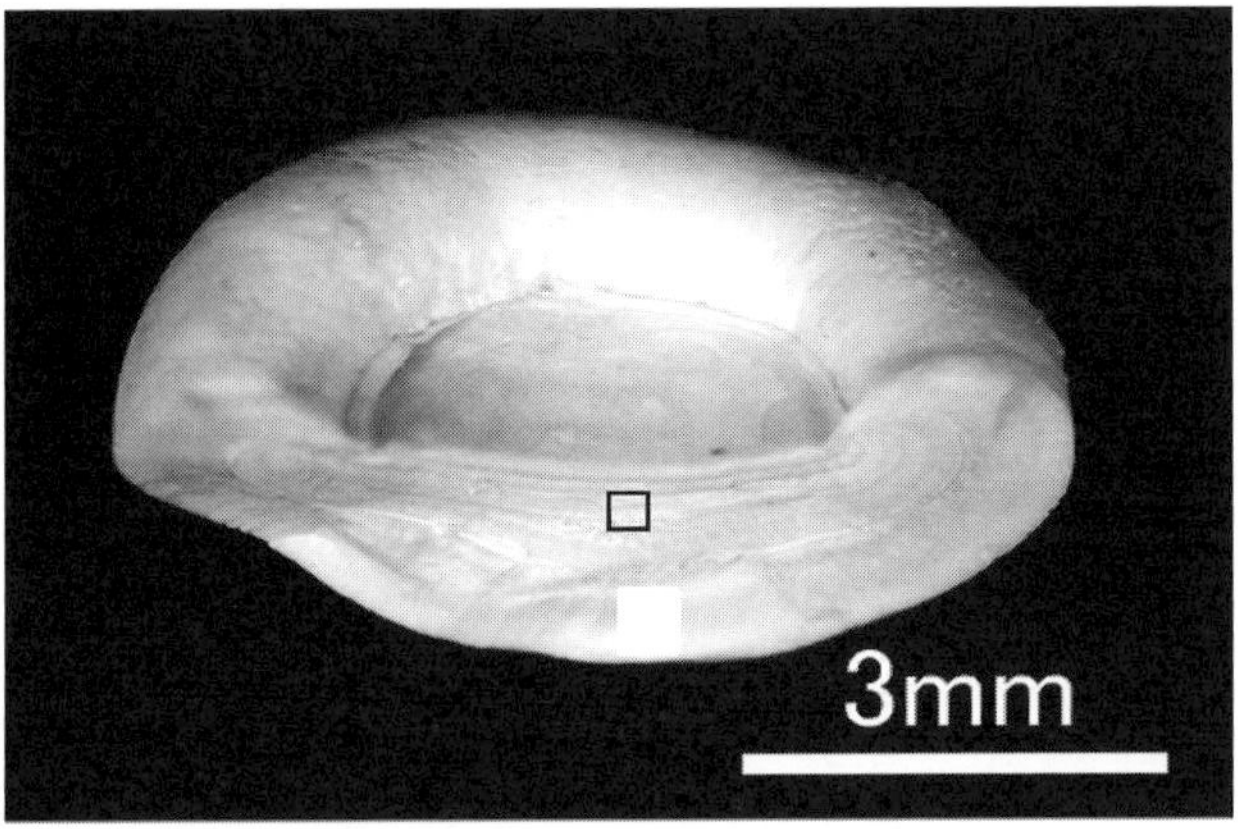

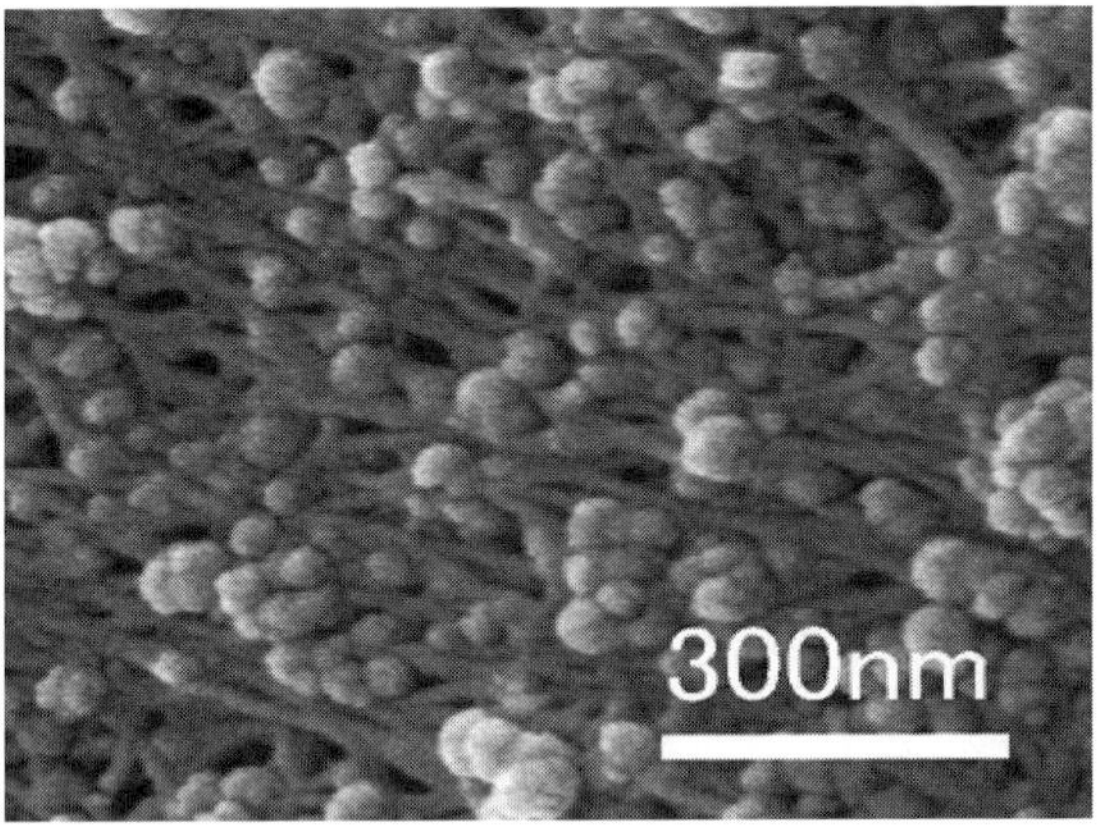

図 15・4　胃石の走査型電子顕微鏡像　一部を割った胃石（上図）の□部分の拡大したものが下図．小暮敏博氏提供

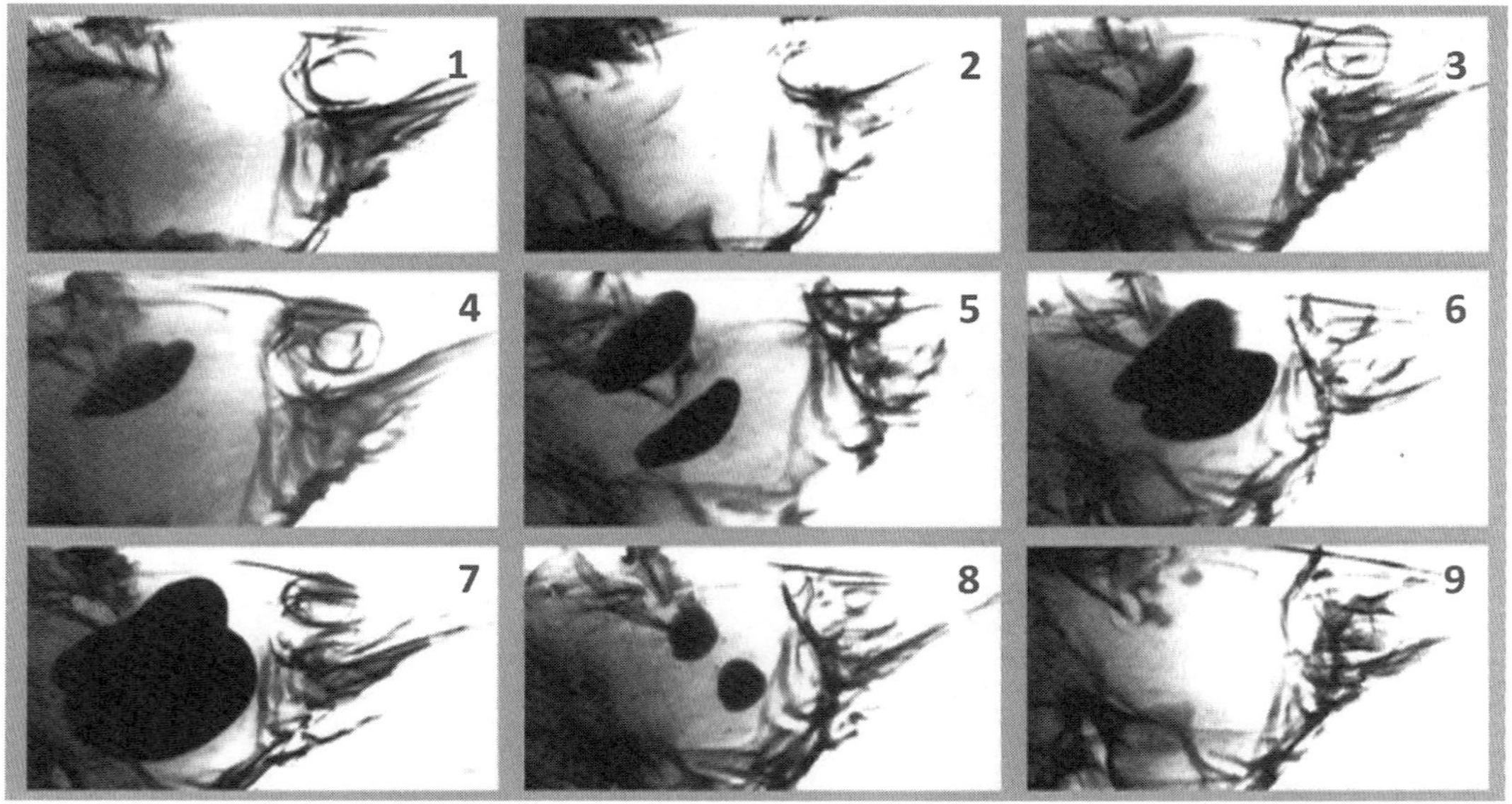

図 15・5　脱皮にともなう胃石の消長　1：脱皮間期，2〜7：脱皮前期，8〜9：脱皮後期.「化学と生物」誌，40 巻，2 号の表紙写真（園部治之氏撮影）から許可を得て転載

表15・1　炭酸カルシウムの結晶多形と石灰化組織

結晶多形	石灰化組織
カルサイト	アコヤガイの稜柱層，円石藻のココリスなど
アラゴナイト	アコヤガイの真珠層，魚類の耳石（扁平石），サンゴの骨格など
ファーテライト	魚類の耳石（星状石）
非晶質	甲殻類の外骨格，胃石など

炭酸カルシウムの結晶

炭酸カルシウムには安定性の異なる三つの結晶多形が存在する。結晶多形とは、同じカルシウムイオンと炭酸イオンからできていてもそれらの空間的な配置の違いによってできる異なる結晶をいう。したがって、結晶の密度が異なる。常温常圧で安定性の高いほうから順に、カルサイト（方解石）、アラゴナイト（あられ石）、ファーテライトである。そのほかに結晶状態ではない非晶質炭酸カルシウムも存在する。通常、試験管内で炭酸カルシウムの過飽和溶液をつくると、必ずもっとも安定なカルサイトが析出する。

しかし、生物の石灰化組織中に存在する炭酸カルシウム結晶はカルサイトばかりではない。生物あるいは組織によって結晶形が決まっている（表15・1）。たとえば、真珠をつくるアコヤガイの貝殻のうち外側の稜柱層はカルサイト、内側の真珠光沢のある真珠層はアラゴナイトでできている（第16章参照）。魚類の平衡感覚を制御する三対の耳石のうちもっとも大きい扁平石はアラゴナイト、もっとも小さい星状石はファーテライトからなる。また、甲殻類のクチクラや胃石は非晶質炭酸カルシウムである。このように、必ずしももっとも安定な結晶でつくられてはいない。この理由はより不安定な結晶多形を誘導する有機化合物が存在するためと考えられている。

なぜ、非晶質炭酸カルシウムなのか

表15・1からわかるように、甲殻類の外骨格および胃石の炭酸カルシウムは結晶ではなく、非晶質である。これはほかの石灰化生物ではみられない珍しい例である。非晶質は表面積が結晶に比べて大きいため、結晶より溶解する速度が速い。よって、非晶質であることは脱皮前にクチクラの炭酸カルシウムが溶けるとき、および脱皮後に胃石が溶けるときにきわめて好都合となる。このように、アメリカザリガニは非晶質であることを積極的に利用していると考えられる。

非晶質炭酸カルシウムはもっとも不安定であり、容易に結晶化してカルサイトになる。そのため、以前からこのような非晶質状態を安定化する因子が存在していると考えられてきた。最近になって、その正体はリン酸エステルを含む二つの化合物、ホスホエノールピルビン酸および3-ホスホグリセリン酸であることがわかった（図15・6）。これらの化合物はいずれも解糖系（ブドウ糖を分解して、エネルギー貯蔵化合物を生成する一連の反応）の中間体であり、通常は細胞外に分泌されることは考えにくい。しかし、甲殻類のクチクラの上皮細胞および胃石板細胞では、この二つの化合物を細胞外に排出して積極的に利用し、非晶質炭酸カルシウムの安定化をはかっている。

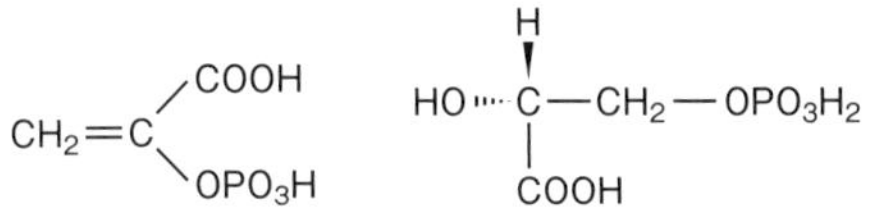

図15・6　非晶質炭酸カルシウムの安定化因子

第16章　真珠の輝きの秘密

真珠は古代エジプト王朝の時代から宝石として珍重されてきた。たくさんの真珠で飾られた王冠からはさまざまな色の輝きが放たれる。この真珠の輝きはどのようにして生まれるのだろうか。その秘密は貝殻の構造にあるが、その構造の形成にはある種のタンパク質がかかわっている。

生き物がつくる唯一の宝石

さまざまな宝石は硬い鉱物結晶でできている。そのなかで真珠は生物がつくる唯一の宝石である。通常、二枚貝や巻貝などの軟体動物は硬い貝殻をつくって外敵から身を守っている。貝殻は炭酸カルシウム結晶でつくられているが、貝殻の成分はすべて貝殻と接している外套膜という組織から分泌されている。真珠をつくる貝はその貝殻の内側に真珠の光沢をもっている（図16・1）。真珠光沢をもつ貝殻をつくる種は限られており、ボタンや調度品の螺鈿（らでん）の材料として

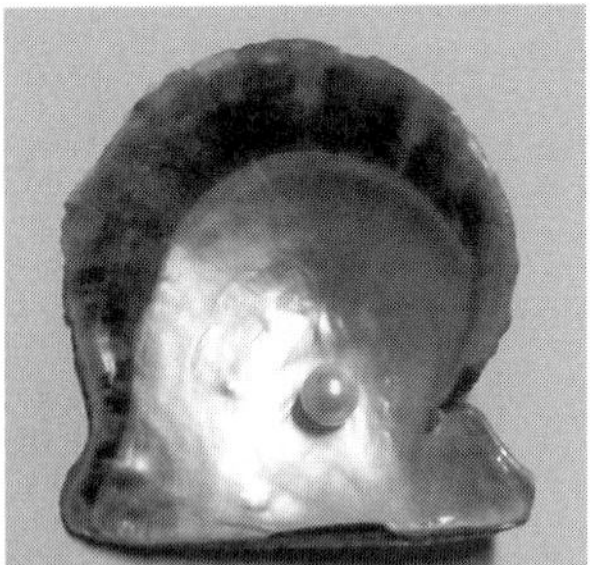

図16・1　アコヤガイと養殖真珠
著者撮影

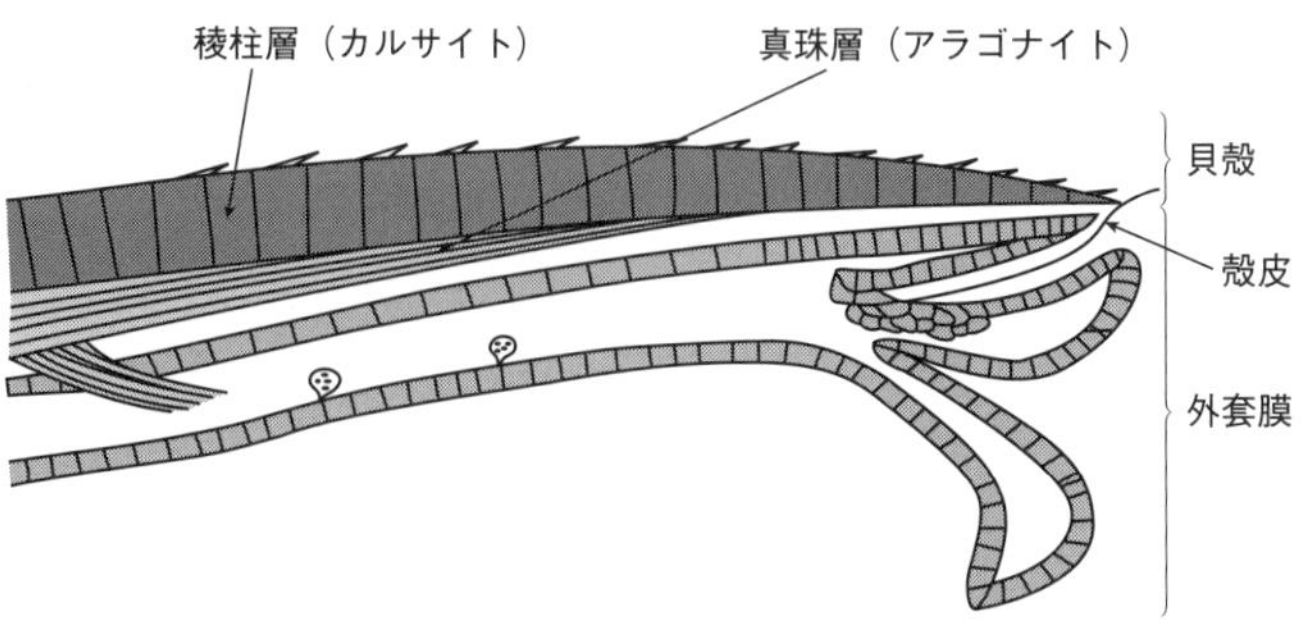

図16・2　アコヤガイの貝殻および外套膜の断面の模式図　町井 昭,「真珠物語──生きている宝石」, 裳華房（1995）から許可を得て転載

も利用されてきた。わが国の代表的な真珠貝はアコヤガイであり、そのほかに粒の大きい南洋真珠をつくるシロチョウガイ、黒真珠の母貝となるクロチョウガイ、半円真珠を生みだすマベガイ、淡水で真珠をつくるイケチョウガイなどがある。

アコヤガイの断面の模式図を図16・2に示す。貝殻は稜柱層と真珠層の二層からなる。あとで詳しく説明するが、真珠の独特の輝きはこの真珠層によってもたらされる。さらに貝殻に接して外套膜があり、その先端は三つのひだに分かれている。内側と真ん中のひだのあいだのもっとも奥の細胞で殻皮がつくられる。殻皮は貝殻の先端部とつながっており、貝殻の外側を覆っている。貝殻の内側はこの殻皮の膜によって外界から隔てられている。

養殖真珠の歴史

天然真珠は貝殻と外套膜のあいだに異物が混入し、この異物を外套膜がとり囲み、その異物に真珠層が重なることでつくられる。異物のかたちがそのまま真珠のかたちにできあがる。異物が混入する機会は少ないうえに、混入しても排出される場合が多いために、天然で真珠がつくられる機会はきわめてまれである。特に、丸い真珠（真円真珠という）はさらに機会が少なく、昔から貴重品とされてきた。そこで、人工養殖で真珠をつくる試みが一九〇〇年前後にはじまった。

志摩国（三重県）鳥羽町で生まれた御木本幸吉は人工養殖によって真円真珠をつくりたいと考え、試行錯誤をくり返していた。その後、東京帝国大学理学部の動物学者である箕作《みつくり》佳吉の指導を受けてアコヤガイを用いて人工で半円真珠をつくることに成功し、一八九三年にシカゴで開催された万国博覧会に出品した。真円真珠を人工養殖でつくる方法は一九〇七年、西川藤吉と三瀬達平によって独立に達成された。西川の方法は「ピース式」とよばれ、外套膜片（ピース）を核とともに挿入する方法で、現在もこの方法がとられている（図16・4参照）。三瀬の方法は「誘導式」とよばれ、外套膜内に核を挿入する方法である。また、これより遅れて御木本も「全巻式」とよばれる核全体を外套膜で包む方法を提案したが、その操作は困難で実用にはいたらなかった。これに対して、オーストラリアでこれより以前に真円真珠の作製技術が開発されていたという主張がある。西川、三瀬はいずれも一九〇七年以前にオーストラリアを訪問した経験をもつことから、着想を含めて本当の意味で最初の発明者であったかどうか、いくらかの疑念は残る。しかし、いずれにしても一九〇七年をきっかけとして、今日にいたるまで養殖真珠に関してさまざまな改良がなされてきた。また、淡水真珠養殖についても日本ではじめて琵琶湖（京都帝国大学大津臨湖実験所）で成功している。

日本におけるアコヤガイ養殖真珠のおもな産地は三重県、愛媛県、長崎県であり、いずれも温暖で、リアス式海岸の穏やかな海辺をもっている。日本全国の生産量は一九六七年をピークにしてその

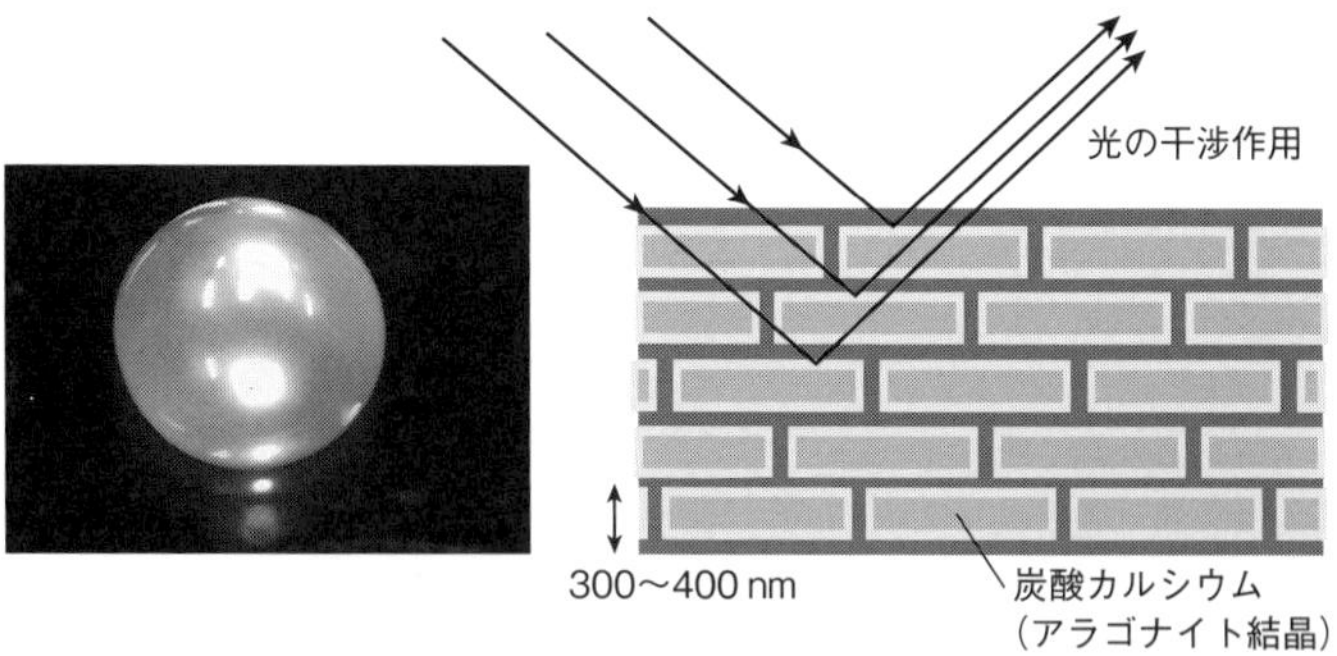

図 16・3　光の干渉作用　規則正しい層状構造をもつ真珠層の各層で反射した光が干渉することで美しい真珠の光沢が生まれる．写真提供：鈴木道生氏

約十六％（二〇一〇年現在）まで減少している。現在は、南洋の白蝶真珠、黒蝶真珠、中国の淡水真珠が大幅に生産を伸ばしている。

美しい輝きの秘密

アコヤガイの貝殻は二層構造をしており、外側は稜柱層、内側は真珠層とよばれる（図16・2参照）。稜柱層は貝殻面に対して垂直方向に柱状の炭酸カルシウム結晶が並んでおり、それぞれの柱は薄い有機物層によってとり囲まれている。一方、真珠層は貝殻面に平行に層状をなしており、薄い有機物の膜と平板状の炭酸カルシウム結晶が交互にきわめて規則的に重層している（図16・3）。真珠層の厚さは〇・五から一ミリメートルくらいで、結晶層の厚さは一枚〇・四ミクロン前後である。また、タンパク質一層の厚さは〇・〇〇二ミクロンくらいである。稜柱層および真珠層の有機物はいずれもキチン（図15・3参照）・タンパク質複合体からなるが、タンパク質の成分は両層で共通のものとそれぞれに特有のものとがある。

真珠の輝きは、真珠層の炭酸カルシウム結晶面に光が当たり、それぞれの面で反射した光どうしが干渉することで生みだされる（図16・3）。干渉のぐあいによって、さまざまな色合いを呈する。また、美しい輝きをだすためには、各結晶の厚さと均一性が重要になる。このような「干渉色」のほかに、真珠層などにある有機物による色も影響することがある。たとえば、黒蝶真珠の黒い輝きは真珠層にあるタンパク質に含まれる色素の色を反映している。この色素が黄色であれば、ゴールドに輝く。また、ブルー系真珠は核と真珠層のあいだにある有機物などの色が反映している。これらの要素が複雑にからみあって、さまざまな色合いが生まれる。

真珠形成の鍵

真珠の形成には、真珠層と接している外套膜が鍵を握っている。実際、真珠養殖においては淡水に生息する二枚貝の貝殻を球状に整形した「核」とアコヤガイの他の個体から切りだした外套膜片（ピースとよばれる）をいっしょに麻酔したアコヤガイの生殖巣に移植する。この作業を「核入れ」という。このさい、外套膜片のもともと貝殻に面していた側を核に接するように挿入することが重要である。その後、二、三週間のうちに核のまわりを外套膜の細胞がとり囲むように袋が形成される（図16・4）。これを「真珠袋」とよんでいる。真珠の形成は、この真珠袋ができるかどうかにかかっている。さきに述べた西川の発明は、この方法（ピース法）である。核と接している真珠袋の細胞は外套膜の真珠層と接している上皮細胞と同じ性質をもち、袋の中へ真珠層形成に必須な成分を分泌することによって、核の表面に真珠層を重ねていき、真珠ができる。したがって、挿入した核のまわり

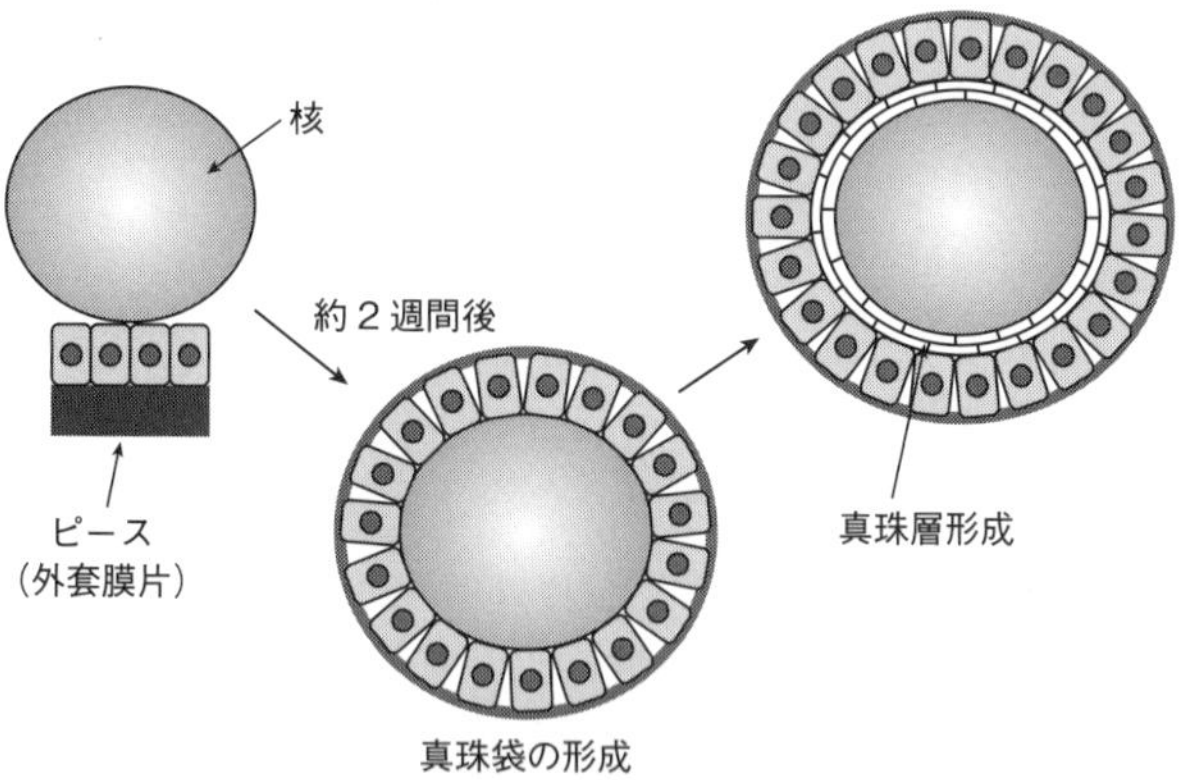

図 16・4　真珠袋の形成　他種の貝殻由来の殻と同種の他の個体由来の外套膜片を生殖巣に移植すると約２週間後に真珠袋が形成され，その中で真珠が生まれる

図 16・5　真珠養殖　金網にアコヤガイを固定して筏に吊るして育てる．著者撮影

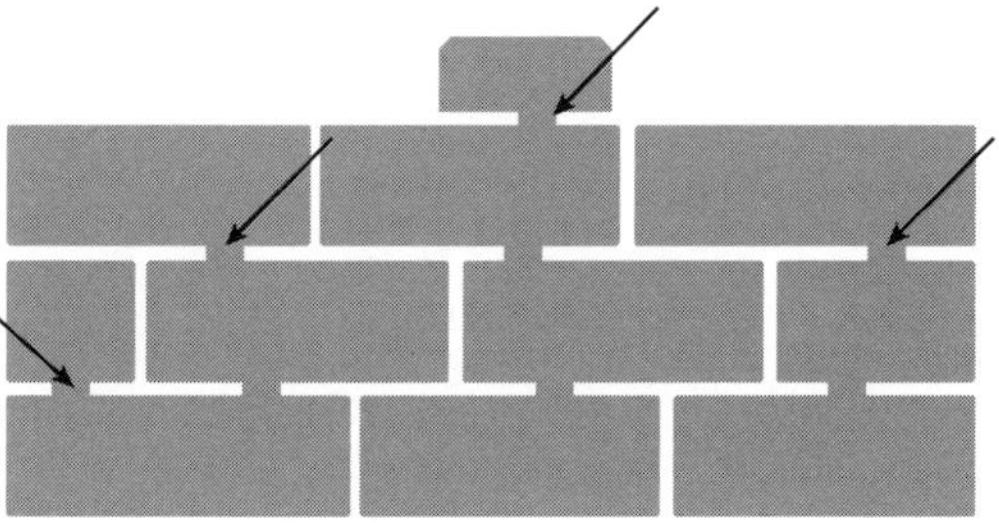

図16・6　真珠層の成長の模式図　真珠層は上方向へ成長している．矢印はミネラルブリッジを示している

に薄い真珠層を形成させたものが養殖真珠である。通常、春から夏にかけて核入れをおこない、その年の冬までの半年、あるいはさらにもう一年先の冬まで一年半、図16・5のように筏（いかだ）に吊るして海水の中で成長させ、収穫する。この収穫作業を「浜揚げ」という。当然、期間が長くなれば、それだけ真珠層の厚みが増し、輝きの深みも増す。その一方で、貝が病気になったり、死んだりするリスクも増える。

真珠層のできかた

第15章で述べたように、炭酸カルシウムには三つの結晶多形が存在する。稜柱層ではもっとも安定なカルサイト結晶が、真珠層では準安定なアラゴナイト結晶がつくられる。真珠層のアラゴナイトは単結晶でできている。単結晶とは結晶の向き（方位）が均一な結晶のことである。すなわち、結晶が一か所からできはじめて、一つの層ができあがる。重層した結晶どうしも結晶の向きがそろっているので、一層ずつ積み重なっていくときに、上の層は下の層の結晶とつながってできていくと考えられる。実際、結晶のあいだの有機物の膜は均一ではなく、穴が開いており、そこからつぎの層の結晶ができはじめる（図16・6）。これをミネラルの橋渡しの意味から「ミネラルブリッジ」とよんでいる。

一方、稜柱層は多結晶からなる。すなわち、一か所からではなく、複数の箇所から結晶ができはじめて、空間を埋め、柱状のかたちをつくる。

稜柱層と真珠層のあいだには比較的厚い有機物の層がある。貝殻は、まず殻皮の上に稜柱層がつくられ、ある程度の厚さに達したときに有機物でふたをし、その上に真珠層ができる。

真珠層の形成にかかわるタンパク質

真珠層を形成する炭酸カルシウム結晶は準安定なアラゴナイトである。なぜ、アラゴナイトでなければいけないのか。この疑問に対して、一九六〇年に真珠層の抽出物の中にアラゴナイトを誘導する物質が存在すると報告された。その後、多くの研究者がこの物質の精製を試みてきたが、純粋にとりだすことはできなかった。一九九六年、真珠層に炭酸脱水酵素活性をもつナクレインというタンパク質が存在することが明らかになった。さらに、ナクレインは稜柱層にも存在することもわかった。この酵素タンパク質は炭酸水素イオン（HCO_3^-）を供給する役割をもつことから、真珠層および稜柱層の石灰化に必須のものと考えられる（第15章参照）。

その後も、真珠層の形成にかかわる物質の探索はつづけられたが、謎のままであった。そこで、炭酸カルシウム結晶を誘導する物質はアラゴナイトに結合するに違いないと発想を転換し、研究がおこなわれた。そして、ついに二〇〇九年、アラゴナイト結晶に選択的に結合するタンパク質が真珠層か

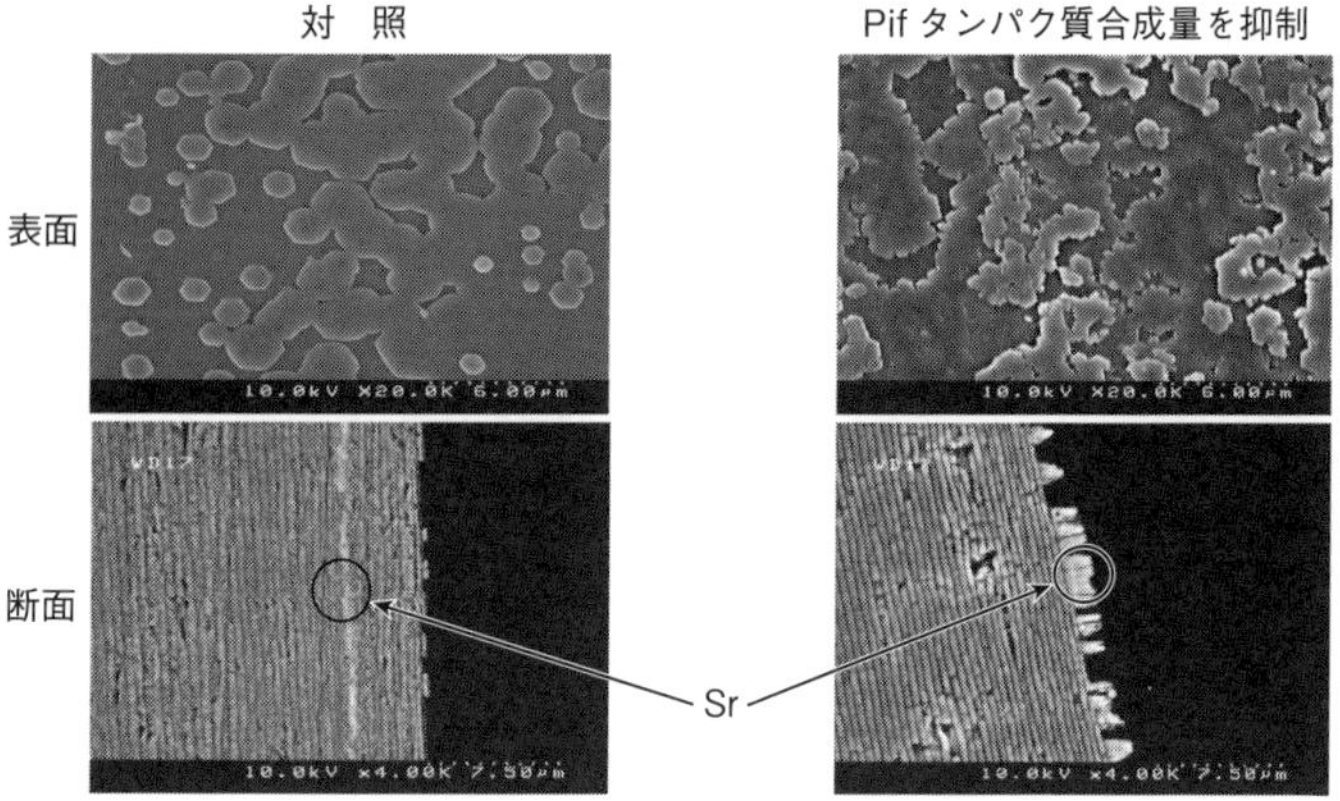

図16・7　Pif タンパク質の RNA 干渉による貝殻形成に対する効果　右は二本鎖 RNA を注射して1週間後のタンパク質合成が抑制されたときの状態. 注射した日のみストロンチウム(Sr) 入り海水に浸漬した. 著者提供

ら発見された。電気泳動によって分子量八万を示すことからPif 80(Pifはアコヤガイの学名(*Pinctada fucata*) に由来) と名づけられた。Pif 80は同じ遺伝子にコードされているPif 97と複合体を形成している。このPif 80/Pif 97複合体は真珠層だけに存在し、アラゴナイトの誘導に関与しているとみられる。一方、このタンパク質の合成量を減らすためにRNA干渉という方法を用いて調べると、このタンパク質をコードするmRNAの量が半分まで減少したとき、正常な真珠層の形成ができずに表面が凸凹になることがわかった (図16・7右)。また、処理当日にアコヤガイを高濃度のストロンチウム入り海水に浸し、普通の海水にもどすと、ストロンチウムが貝殻にとりこまれ、対照区ではその後の一週間で真珠層が成長しているが、処理区ではほとんど成長していないこともわかった (図16・7)。これにともない真珠層の光沢が減少することも観察された。一方、このタンパク質複合体を含んだ試験管内で、キチン薄膜上に炭酸カルシウム結晶をつくらせたところ、真珠層のものと類似したアラゴナイト結晶を誘導することができた。一方、存在しない場合は、カルサイト結晶のみができる。このような結果から、Pif 80/Pif 97 複合体が真珠層の形成およびアラゴナイト誘導の両方に重要な役割を果たすと推定されている。

あとがき

筆者が生物活性物質の研究分野に入ったのは、東京大学農学部農芸化学科の四年生になって卒業研究で農産物利用学研究室（のちに生物有機化学研究室に改名）に配属されたときで、すでに四十年以上が経過した。生き物がつくりだす微量な化学物質がその生きざまを劇的に変えるという現象に強く興味をひかれたことがきっかけであった。植物の花成ホルモンの研究を皮切りに、カビの生産する毒素、昆虫の脱皮・変態を促す前胸腺刺激ホルモンやその他のホルモン、甲殻類のペプチドホルモン、魚類、甲殻類、軟体動物や藻類の鉱物を含む硬組織などに対象を変えながら研究を続けてきた。このように研究対象はさまざまに変遷したが、常にチャレンジの連続であり、それぞれの生き物における重要な生理現象にかかわる「生物活性物質」を追い求めてきた。私の恩師である田村三郎東京大学名誉教授は、「在るものは必ずとれる」と叱咤激励された。私にはどうしてもとれないものもあったが、なんとか頑張った結果、実を結んだものもいくつかあった。信念だけではとれないが、信念がないととれるものもとれないことを実感させられた。

このような生物活性物質の探索（ハンティング）は過去に世界の多くの研究者がおこなってきたことである。本書にかかげた十六の話題の一部は筆者が直接深くかかわってきたものもあるが、その他は日本人研究者の貢献が著しい話題を多くとりあげている。いずれも生命科学の分野で重要でかつ興味のある話題である。今後、生物活性物質の探索がますます盛んになることを期待している。

本書の企画をいただいておよそ一年半が経過した。このあいだ、東京化学同人の山田豊氏には多くのアドバイスをいただき、読みづらい文章を手直ししていただいた。心から感謝申し上げたい。

平成二十六年九月

長澤寛道

科学のとびら58
生き物たちの化学戦略
生物活性物質の探索と利用
二〇一四年十月十日 第一刷 発行
著者 長澤寛道
発行者 小澤美奈子
発行所 株式会社 東京化学同人
東京都文京区千石三-三六-七（〒一一二-〇〇一一）
電話 〇三-三九四六-五三一一
FAX 〇三-三九四六-五三一六
URL：http://www.tkd-pbl.com/
印刷 美研プリンティング（株）・製本（株）松岳社

ISBN978-4-8079-1298-8

索　　引

あ　行

か　行

さ　行

た　行

な　行

は　行

ま　行

や～ら行

参 考 書

各章を執筆するにあたり，以下の書籍や文献を参考にさせていただいた．

序章　化学戦略へのいざない

田村三郎，「現象の追跡──生理活性物質化学を拓く」，学会出版センター（1981）．

長澤寛道，「生物有機化学──生物活性物質を中心に」，東京化学同人（2008）．

第 1 章　ジベレリン発見物語

「ジベレリン──化学・生化学および生理」，田村三郎 編著，東京大学出版会（1969）．

田村三郎，「植物ホルモン」，大日本図書（1977）．

「新しい植物ホルモンの科学　第 2 版」，小柴共一，神谷勇治 編，講談社（2010）．

第 2 章　花々を導く物質の探索

田村三郎，「現象の追跡──生理活性物質化学を拓く」，学会出版センター（1981）．

竹能清俊，“花成ホルモンを追う”，化学と生物，**26**，447-453（1988）．

沼田英治，「生きものは昼夜をよむ──光周性のふしぎ（岩波ジュニア新書 352）」，岩波書店（2000）．

辻 寛之，田岡健一郎，島本 功，“花成ホルモン「フロリゲン」の構造と機能”，領域融合レビュー，**2**，e004（2013）．

第 3 章　休眠のしくみを探る

田村三郎，「植物ホルモン」，大日本図書（1977）．

茅野春雄，「昆虫の謎を追う──あるナチュラリストの軌跡」，学会出版センター（2000）．

「休眠の昆虫学──季節適応の謎」，田中誠二，檜垣守男，小滝豊美 編著，東海大学出版会（2004）．

「脱皮と変態の生物学──昆虫と甲殻類のホルモン作用の謎を追う」，園部治之，長澤寛道 編著，東海大学出版会（2011）．

近藤宣昭，“概念リズムで制御されるシマリスの冬眠機構”，比較内分泌学，**39**，126-129(2013)．

第４章　植物における共存と戦いの裏に

藤井義晴,「アレロパシー——多感物質の作用と利用」, 農文協 (2000).
宮本純代, 杉本幸裕, “根寄生植物ストライガの種子発芽戦略”, 化学と生物, **43**, 538-541 (2005).
「新しい植物ホルモンの科学 第２版」, 小柴共一, 神谷勇治 編, 講談社 (2010).

第５章　はじめて結晶化されたホルモンをめぐって

宮田親平,「科学者たちの自由な楽園——栄光の理化学研究所」, 文藝春秋 (1983).
飯沼和正, 菅野富夫,「高峰譲吉の生涯——アドレナリン発見の真実（朝日選書 666)」, 朝日新聞社 (2000).
石田三雄,「ホルモンハンター——アドレナリンの発見」, 京都大学学術出版会 (2012).

第６章　最初のビタミンは病気から

齋藤實正,「オリザニンの発見——鈴木梅太郎伝」, 共立出版 (1977).
加藤八千代,「激動期の理化学研究所 人間風景——鈴木梅太郎と藪田貞治郎」, 共立出版 (1987).
鈴木梅太郎,「研究の回顧——伝記・鈴木梅太郎（伝記叢書 315)」, 大空社 (1998).

第７章　食欲を調節するホルモン

蒲原聖可,「肥満遺伝子——肥満のナゾが解けた！（講談社ブルーバックス 1212)」, 講談社 (1998).
櫻井 武,「食欲の科学（講談社ブルーバックス 1789)」, 講談社 (2012).
椎村祐樹, 中村祐樹, 佐藤貴弘, 児島将康, “グレリンとその受容体, およびグレリン脂肪酸転移酵素の比較内分泌学”, 比較内分泌学, **39**, 159-164 (2013).
川野 仁, “脳の摂食調節とその異常”, 歯科学報, **110**, 806-812 (2010).

第８章　昆虫がかたちを変えるための戦略

石崎宏矩,「サナギから蛾へ——カイコの脳ホルモンを究める」, 名古屋大学出版会 (2006).
「内分泌と生命現象（シリーズ 21 世紀の動物科学 10)」, 日本動物学会監修, 長濱嘉孝, 井口泰泉 編, 培風館 (2007).

「脱皮と変態の生物学──昆虫と甲殻類のホルモン作用の謎を追う」，園部治之，長澤寛道 編著，東海大学出版会（2011）．

「昭和農業技術史への証言（第十集）」，昭和農業技術研究会，西尾敏彦 編，農文協（2012）．

第9章　フェロモンは雌雄の出会いをいざなう

石井象二郎，「昆虫の生理活性物質」，南江堂（1969）．

中村和雄，玉木佳男，「性フェロモンと害虫防除──実験と効用」，古今書院（1983）．

「環境昆虫学──行動・生理・化学生態」，日高敏隆，松本義明 監修，東京大学出版会（1999）．

「昆虫科学が拓く未来」，藤崎憲治，西田律夫，佐久間正幸 編，京都大学学術出版会（2009）．

第10章　火落酸─清酒からの大発見

坂口謹一郎，「日本の酒（岩波文庫青 945-1）」，岩波書店（2007）．
「お酒のはなし──酒はいきもの」，日本農芸化学会 編，学会出版センター（1994）．
遠藤 章，「新薬スタチンの発見──コレステロールに挑む（岩波科学ライブラリー123）」，岩波書店（2006）．
“火落ち酸発見 50 年”，化学と生物，**45**，502-510（2007）．

第11章　世界初の農業用抗生物質

角田房子，「碧素・日本ペニシリン物語」，新潮社（1978）．

高橋信孝，丸茂晋吾，大岳 望，「生理活性天然物化学（第2版）」，東京大学出版会（1981）．

「昭和農業技術史への証言（第九集）」，昭和農業技術史研究会，西尾敏彦 編，農文協（2012）．

第12章　新しい免疫抑制剤の発見

「創薬化学──有機合成からのアプローチ」，北 泰行，平岡哲夫 編，東京化学同人（2004）．

後藤俊男，“発見から開発まで”，今日の移植，**17**，282-286（2004）．

山下道雄，“タクロリムス（FK506）開発物語”，生物工学会誌，**91**，141-154（2013）．

第13章　海洋生物は新たな医薬品の宝庫

「海洋天然物化学――新しい生物活性物質をもとめて（化学増刊 111）」，北川 勲 編，化学同人（1987）．

「化学で探る海洋生物の謎（化学増刊 121）」，安元 健 編，化学同人（1992）．
A. T. Tu，比嘉辰雄，「海から生まれた毒と薬」，丸善出版（2012）．

第14章　フグはフグ毒をつくらない

山崎幹夫，中嶋暉躬，伏谷伸宏，「天然の毒――毒草・毒虫・毒魚」，講談社サイエンティフィク（1985）．

清水 潮，「フグ毒のなぞを追って（ポピュラーサイエンス 20）」，裳華房（1989）．

「化学で探る海洋生物の謎（化学増刊 121）」，安元 健 編，化学同人（1992）．

第15章　アメリカザリガニの白い石の正体

「海洋生物の機能――生命は海にどう適応しているか」，竹井祥郎 編，東海大学出版会（2005）．

「脱皮と変態の生物学――昆虫と甲殻類のホルモン作用の謎を追う」，園部治之，長澤寛道 編著，東海大学出版会（2011）．

第16章　真珠の輝きの秘密

久留太郎，「真珠の発明者は誰か？――西川藤吉と東大プロジェクト」，勁草書房（1987）．

磯野直秀，「三崎臨海実験所を去来した人たち――日本における動物学の誕生」，学会出版センター（1988）．

町井 昭，「真珠物語――生きている宝石（ポピュラーサイエンス 124）」，裳華房（1995）．

和田浩爾，「真珠の科学――真珠のできる仕組みと見分け方」，真珠新聞社（1999）．